高等学校机器人工程专业系列教材

移动机器人原理与技术

主 编 王晓华 李 珣 卢 健 李佳斌

西安电子科技大学出版社

内 容 简 介

　　本书系统地介绍了移动机器人的组成、技术原理以及应用。全书共 10 章，主要内容包括绪论、移动机器人运动控制系统、移动机器人传感器、移动机器人定位、移动机器人路径规划与避障、移动机器人同时定位与建图、移动机器人语音识别与控制、移动机器人通信系统、多移动机器人系统、移动机器人 ROS 系统等。本书内容新颖，深入浅出，系统性强，注重原理与实际应用的结合，力求使读者掌握和应用移动机器人技术。

　　本书可作为高等院校自动化、机器人工程、人工智能、计算机、机电一体化和电子信息工程等专业的本科生、研究生教材，也可作为工程技术人员和科研工作者的学习参考书。

图书在版编目(CIP)数据

移动机器人原理与技术 / 王晓华等主编. —西安：西安电子科技大学出版社，2022.5(2022.8 重印)
ISBN 978－7－5606－6449－1

Ⅰ. ①移… Ⅱ. ①王… Ⅲ. ①移动式机器人—教材 Ⅳ. ① TP242

中国版本图书馆 CIP 数据核字(2022)第 066110 号

策　　划　　刘玉芳
责任编辑　　张紫薇　　刘玉芳
出版发行　　西安电子科技大学出版社(西安市太白南路 2 号)
电　　话　　(029)88202421　88201467　　　邮　　编　　710071
网　　址　　www.xduph.com　　　　电子邮箱　　xdupfxb001@ 163.com
经　　销　　新华书店
印刷单位　　陕西天意印务有限责任公司
版　　次　　2022 年 5 月第 1 版　2022 年 8 月第 2 次印刷
开　　本　　787 毫米×1092 毫米　1/16　印张　13.25
字　　数　　307 千字
印　　数　　501~2500 册
定　　价　　34.00 元
ISBN 978－7－5606－6449－1 / TP
XDUP 6751001－2
＊ ＊ ＊ 如有印装问题可调换 ＊ ＊ ＊

前　　言

计算机技术、传感器技术、信息处理技术的迅猛发展以及对这些技术应用需求的增加,不断推动机器人技术向实用化、系列化和智能化的方向发展。作为机器人领域的重要分支,移动机器人正越来越广泛地在航空航天、军事国防、海洋探测、工农业生产、医疗防疫、社会服务、娱乐等领域得到应用。在这种情况下,移动机器人技术的研究与普及具有极其重要的价值。

由于国内移动机器人技术"研究在先而专业设置在后",因此移动机器人技术相关教材的内容大多注重自主控制理论与技术,而绝大多数涉及移动机器人本身体系结构内容的教材又没有覆盖到新出现的前沿技术。作者在多年的自动化领域教学和科研工作中,总结和梳理了以应用为主的移动机器人技术的关键内容,并结合本团队的研究工作,吸收和借鉴国内外研究成果和相关书籍内容编写了本书。本书以移动机器人本体结构、移动原理与功能实现、自身行走定位、环境感知、与其他机电一体化设备通信和合作为主线,根据认知规律组合内容,讲解移动机器人相关原理和技术,同时还介绍了面向移动机器人的 ROS系统知识,以帮助读者掌握移动机器人技术的快速开发与应用。

本书共 10 章。第 1 章介绍移动机器人的概念、发展、基本结构以及研究内容。第 2 章结合双轮差速移动机器人介绍移动机器人的运动控制系统,讲解移动机器人移动功能的实现。第 3 章介绍移动机器人实现本体定位和环境感知所用的内外传感器,包括移动机器人双目视觉原理与技术。第 4 章介绍移动机器人如何依靠内外传感器进行相对定位和绝对定位。第 5 章介绍移动机器人如何实现路径规划与避障。第 6 章介绍移动机器人同时定位与建图的原理与技术。第 7 章介绍移动机器人的语音控制技术。第 8 章介绍移动机器人的通信技术以及基于计算机网络的移动机器人通信。第 9 章介绍多机器人系统概念以及多移动机器人系统多任务及优化分配和移动多机器人编队与路径规划方法等内容。第 10 章介绍移动机器人 ROS 系统的应用以及 ROS 中移动机器人感知外设的应用。

本书由王晓华、李珣、卢健和李佳斌共同编写。其中,王晓华编写第 1、6、7 章,卢健编写第 2、3、4 章,李佳斌编写第 5、8 章,李珣编写第 9、10 章。研究生李志正、卢迪、杨思捷、张皓诚、李耀光、赵晨鑫等参与了相关章节的资料收集和整理工作。全书由王晓华统稿。

在本书编写的过程中，我们参考并引用了一些移动机器人方面的资料和文章，限于篇幅，不能在书中一一列举，在此对相关作者致以衷心的感谢。

由于编者水平有限，书中难免存在不足和疏漏之处，恳请广大读者批评指正。

编　者

2022 年 3 月

目　　录

第1章　绪　论

　　机器人技术是综合了计算机技术、控制论、机构学、信息技术、人工智能、仿生学等多学科而形成的高新技术，它已经成为一个国家高科技水平和工业自动化程度的重要标志与体现。移动机器人是机器人学中的一个重要分支，移动机器人技术正在向着智能化和多样化方向发展，应用越来越广泛，渗透的领域也越来越多。本章通过介绍移动机器人的概念、发展过程、移动机器人系统的基本组成、移动机器人的应用以及移动机器人技术的研究内容等知识，使读者对移动机器人有一个整体的了解，为后续章节内容提供基本的知识背景。

本章重点
- 移动机器人系统的基本组成；
- 移动机器人技术的研究内容。

1.1　机器人与移动机器人的概念

　　"机器人（Robot）"一词最早于1920年出现在捷克作家卡雷尔·卡佩克的科幻剧本《罗萨姆的万能机器人》中。1967年，日本召开了第一届机器人学术会议，提出了两个有代表性的定义。一个定义是"机器人是一种具有移动性、个体性、智能性、通用性、半机械半人性、自动性和奴隶性7个特征的柔性机器"。从这一定义出发，陆续采用自动性、智能性、个体性、半机械半人性、作业性、通用性、信息性、柔性、有限性、移动性等10个特性来表示机器人的形象。另外一个定义则将满足以下3个条件的机器称为机器人：① 具有脑、手、脚这三要素的个体；② 具有非接触传感器和接触传感器；③ 具有平衡觉和固有觉的传感器。其中，非接触传感器和接触传感器相当于人的五官，使机器人能够识别外界环境，而平衡觉和固有觉则是机器人感知本身状态所不可缺少的传感器。

　　1987年，国际标准化组织对工业机器人的定义是："工业机器人是一种具有自动控制的操作和移动功能的、能完成各种作业的可编程操作机。"

　　我国对机器人的定义是："机器人是一种自动化的机器，所不同的是这种机器具备一些与人或生物相似的智能能力，如感知能力、规划能力、动作能力和协同能力，是一种具有高度灵活性的自动化机器。"

　　在研究和开发在未知及不确定环境下作业的机器人的过程中，人们逐步认识到，机器人技术的本质是感知、决策、行动和交互技术的结合。

　　机器人技术主要分为两大类，即工业机器人和移动机器人。移动机器人是除工业机器人之外的、用于非制造业并服务于人类的机器人。移动机器人与其他机器人的不同之处就在于强调了"移动"的特性，有着更大的活动范围、更大的灵活性与更广的应用领域。移动机器人是一种在复杂环境下工作的，具有自行组织、自主运行、自主规划的智能机器人。

智能移动机器人是一个集环境感知、动态决策与规划、行为控制与执行等多功能于一体的综合系统。它集中了传感器技术、信息处理技术，以及电子工程、计算机工程、自动化控制工程、人工智能等多学科的研究成果，代表机电一体化的最高成就，是目前科学技术发展最活跃的领域之一。相较于工业机器人，移动机器人在工业、交通运输、医疗康复、服务业、航天和国防领域都有着广阔的应用前景。

1.2　移动机器人的发展

移动机器人有多种分类方式且种类繁多。从移动机构角度看，移动机器人通常包括轮式移动机器人和履带式移动机器人两种基本的移动机器人。在此基础上，移动机器人的移动机构逐渐发展出步进式移动机构、蠕动式移动机构、蛇行式移动机构和混合式移动机构，以适应不同的工作环境和场合。

室内移动机器人通常采用轮式移动机构。轮式移动机器人有着自重轻、承载大、机构简单、驱动和控制相对方便、行走速度快、机动灵活、工作效率高等优点，但其运动稳定性受路况影响较大。为了适应野外环境的需要，室外移动机器人多采用履带式移动机构。履带式移动机器人具有接地压力小，在松软的地面附着性能和通用性能好，爬楼梯、越障平稳性高，自复位能力良好等优点，但是履带式移动机器人的速度慢、功耗大，转向时对地面的破坏程度大。

以腿足式移动机器人为代表的步进式移动机构，自由度较大，能够满足某些特殊的性能要求，能适应复杂的地形；但因其机构复杂，存在控制难、功耗大的缺点。近年来推出的轮腿式移动机器人充分利用轮式机构和腿式机构的优点，被大量应用于工业、农业、家庭、空间探测等领域。应用该种混合式移动机构的探测机器人既具有稳定高速的行驶能力，作业范围扩大了，同时又具有优越的越障、避障等能力。

蠕动式移动机构和蛇行式移动机构通常作为模仿某种生物运动方式的仿生机器人所采用的移动机构。

本节以最基本的轮式移动机器人、灵活性较好的腿足式移动机器人以及结合二者优点的轮腿式移动机器人为例，介绍这三类移动机器人的发展历程，使读者感受到移动机器人技术在发展过程中的提升。

1.2.1　轮式移动机器人的发展

1. 国外轮式移动机器人的发展

20 世纪 60 年代后期，美国和苏联为完成月球探测计划，研制并应用了移动机器人。移动机器人家族最早出现和普遍存在的一位成员就是轮式机器人。1969 年美国斯坦福研究所(Stanford Research Institute，SRI)研制成功"Shakey"机器人(图 1-1)。"Shakey"只能解决简单的感知、运动规划和控制问题，但它是当时将人工智能应用于机器人的最成功的研究平台。

从图 1-1 中可以看出，"Shakey"采用的是最常见的两个主动轮再加上两个从动轮的驱动方式，同时还安装了包括视觉传感器、超声传感器在内的许多传感器。

1970 年，苏联将"Lunokhod"月球车(图 1-2)送上月球。该月球车的主要任务是收集

图 1-1 "Shakey"机器人

月球表面照片。全车拥有 3 个摄像头、激光测距、X 射线探测仪、磁场探测仪等装置,它的 8 个相互独立的电动车轮均为驱动轮。1971 年,美国将"四轮电动漫游者"月球车(图 1-3) 送到月球进行探测。该月球车上装配了仪表盘,可显示速度、方向、坡度、电力和温度,具有导航功能。

图 1-2 "Lunokhod"月球车

图 1-3 "四轮电动漫游者"月球车

1997 年,美国宇航局推出"旅居者号"火星车(图 1-4),其上装有一部自主式导航系统和使车体可以就地转弯的独立操纵的前后轮。"旅居者号"本身携带太阳能板,利用太阳能驱动发动机等,利用无线电遥控与地面保持联系,在支杆上装有一架相机和天气探测器。2004 年,美国又相继将"机遇号"(图 1-5)与"勇气号"火星车(图 1-6)送上火星。它们除了具有 6 个轮子的移动机构外,还具有与人肩、肘和腕关节类似的结构,能够灵活地伸展、弯曲和转动；另外，火星车上还装有一对全景照相机、显微镜成像仪、穆斯鲍尔分光计和阿尔法粒子 X 射线分光计等多种工具。"勇气号"可看成是迄今为止人类遣往其他行星上的第一个可以移动的、自动化的大型实验室。

图 1-4　"旅居者号"火星车

图 1-5　"机遇号"火星车

图 1-6　"勇气号"火星车

2011 年，美国将"好奇号"火星车（图 1-7）送上了火星。"好奇号"使用了核动力，安装有桅杆相机、火星手持透镜成像仪、火星降落成像仪、火星样本分析仪、化学与矿物学分析仪、化学与摄像机仪器、辐射评估探测器、火星车环境监测站，以及火星科学实验室进入、降落与着陆仪等设备，同时还安装有导航相机、化学相机、避险相机以及机械手臂。携带这些"科学武器"的"好奇号"火星车相当于一位标准的野外地质学家，其能力足以让此前的任何火星着陆器相形见绌。与前面火星车采用气囊着陆方式不同，"好奇号"火星车使用基于图像匹配与微波测距测速的技术进行着陆时的导航。

图 1-7　"好奇号"火星车

2. 国内轮式移动机器人的发展

我国移动机器人的研究起步较晚，清华大学的智能移动机器人于 1994 年通过鉴定。21 世纪以来，我国轮式移动机器人技术得到了长足发展，已经达到国外同等水平。轮式移动机器人在我国的太空探测领域做出了贡献。"玉兔号"月球车(图 1-8)于 2019 年在月球开始工作，采取自主导航和地面遥控的组合模式，不仅可以自主前进、转弯、后退，还可以原地打转、横向侧摆，在"危机四伏"的月球表面上畅行无阻。"祝融号"火星车(图 1-9)于 2021 年登陆火星，"祝融号"火星车在火星表面完成自动避障、自动行驶、自动探测的同时，还与环绕器保持通信，接收从地球发来的指令。

图 1-8　"玉兔号"月球车　　　　　　　　　图 1-9　"祝融号"火星车

我国月球车和火星车均采用惯导、激光测距测速、微波测距测速的多波束导航系统，在着陆时采用三维成像技术来感知着陆区障碍。这种技术不仅是人类首次将机器视觉理念用于地外天体登陆任务，在国际上还实现了高重复频率、窄脉冲宽度、高峰值功率的全光纤激光器的率先空间应用。

轮式移动机器人除了在空间探测领域得到应用之外，还在工业、农业、医疗、服务等行业中得到了广泛的应用，并且在城市安全、国防和有害与危险场合也得到了很好的应用。

1.2.2 腿足式移动机器人的发展

自然环境中有约 50% 的地形是轮式或履带式车辆到达不了的，而这些如森林、草地、湿地、山林等地域中拥有巨大的资源，要探测和利用且尽可能少地破坏环境，腿足式机器人以其固有的移动优势成为野外探测工作的首选。另外，对于海底和极地的科学考察与探索，腿足式机器人也具有明显的优势。因此，腿足式机器人的研究得到了世界各国的广泛重视。现研制成功的腿足式机器人有 1 足、2 足、4 足、6 足、8 足等系列，大于 8 足的很少。

1. 国外腿足式移动机器人的发展

第一个能成功行走的双足腿足式机器人出现在 1969 年(图 1-10)。1997 年之后，双足机器人技术得到了很大发展，行走速度得到很大提升，并具有奔跑能力。2016 年波士顿动力公司推出的"Atlas"三代双足人形机器人(图 1-11)灵巧到可以做体操动作。

图 1-10　第一代双足腿足式机器人　　　　图 1-11　"Atlas"三代双足人形机器人

从稳定性和控制难易程度及制造成本等方面综合考虑，4 足是最佳的足式机器人形式。4 足机器人的研究极具社会意义和实用价值。

1968 年，美国 GE 公司设计出在崎岖地形下帮助步兵携带的设备"Walking Truck"，如图 1-12 所示。该设备由 4 条相同的机械腿与机体相连接，机械腿由 3 个转动副组成，有 3 个自由度，能够实现足端两个方向的转动和一个方向的移动。1976 年起，日本先后研制出"KUMO-Ⅰ""PV-Ⅱ"以及"TITIN"系列 4 足机器人，最具有代表性的是"TITIN—Ⅷ"，如图 1-13 所示，其腿部采用 3 个转动副为驱动来实现机器人的移动，拥有 3 个自由度，具有多种步行步态，有较高的自适应能力。

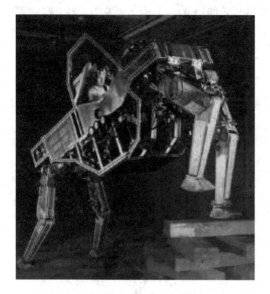
图 1-12 机器人"Walking Truck"

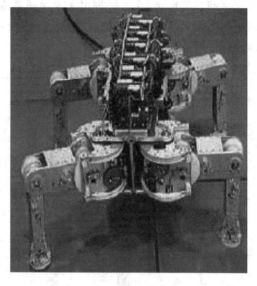
图 1-13 机器人"TITIN—Ⅶ"

德国研制了一款猿猴类型的机器人"iStruct Demonstrator"，如图 1-14 所示。它具有机械手臂、腿部和脊椎，能够模拟灵长目动物的行为，它将取代当前月球勘测任务中的滚轮式探测器。意大利开发了具有代表性的液压动力 4 足机器人"Hyq"，如图 1-15 所示。该机器人有 12 个自由度，其中 8 个为液压驱动，4 个为电动，每个腿都设计了踝关节和足端，能够实现静态步行和单腿竖直平面跳跃。

图 1-14 机器人"iStruct Demonstrator"

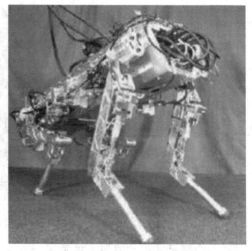
图 1-15 机器人"Hyq"

美国波士顿动力公司于 2005 年研发了 4 足机器人"Big Dog"，如图 1-16 所示。它的单腿运动主要靠 3 个转动副和 1 个移动副来完成，整体结构拥有 12 个或 16 个主动自由度，驱动方式主要以内燃机为动力源驱动液压系统。在此基础上又研制了"Legged Squad" "Cheetah""Wild Cat"等 4 足机器人。尽管这些机器人在性能方面都有着卓越的表现，但由于噪音问题较为突出,最终都没有得到广泛使用。在总结了过去的经验和教训的基础上,波士顿动力公司于 2015 年推出了 4 足机器人"Spot",如图 1－17 所示。它有 12 个自由度,采用电池能源提供动力,从而驱动液压系统,再以液压系统作为驱动输出动力,进而控制每段肢体的动作。

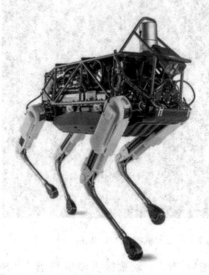

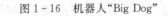

图 1－16　机器人"Big Dog"　　　　　　图 1－17　机器人"Spot"

　　2020 年,波士顿动力公司推出的 4 足机器人"Spot mini"(图 1－18)吸引了人们的视线。Spot mini 拥有头戴式机械臂,能够操纵其周围的环境以及收集数据,如使用手臂打开门、转动阀门和打开开关等,相比 Spot 背运货物的用途,它更像是一台家庭服务机器人。

图 1－18　机器人"Spot mini"

2. 国内腿足式移动机器人的发展

　　20 世纪 80 年代开始,我国相关高校和科研院所对 4 足机器人展开系统研究。虽然我国 4 足机器人的基础较弱、起步较晚,但得到了国家的极大重视,其研究被列入了国家"863"计划。目前,国内有关 4 足机器人研究的中坚力量主要集中在高校和少数研究机构,其中上海交通大学、清华大学、山东大学、北京理工大学、同济大学等高校的研究工作及其成果比较具有代表性。

我国首个 4 足机器人"莱卡狗"(图 1 - 19)的重量仅 22 kg，已经完全摆脱了外部供电，自带电池一次充电可以支持 2～3 小时的行走。浙江大学 4 足仿生机器人"绝影"(图 1 - 20)的出现表明中国的 4 足机器人技术已经能够对标国际一流水平。"绝影"的主要优势在于动作自然柔顺，反应快速准确，面对复杂环境能表现出很强的适应力。

图 1 - 19　机器人"莱卡狗"　　　　　　　　　图 1 - 20　机器人"绝影"

在 2018 年世界机器人大会上，上海交通大学携带新型 6 足机器人"青骓"(图 1 - 21)参加了比赛。"青骓"采用自主开发的电机传感复合驱动器，实现了力觉动态控制行走，轻量化设计让该机器人具备了更高的功率自重比，6 足 3 - 3 步态行走具有更高的稳定性。"青骓"以优越的性能和稳定的发挥，获得比赛冠军。另外一款 6 足并联机器人又被称作"章鱼侠"(图 1 - 22)，它具有视觉、力觉、识别地形、主动避障、自主开门、感知外载、自主平衡等各项功能，这款机器人最突出的优势是它的负载能力与全向运动性能。

腿足式探测机器人机械结构复杂，运动速度慢，能耗大，巡视范围窄，控制比较复杂。为了充分利用轮式机构和腿足式机构的优点，实现二者的优势互补，出现了轮腿式混合结构探测移动机器人。

图 1 - 21　机器人"青骓"

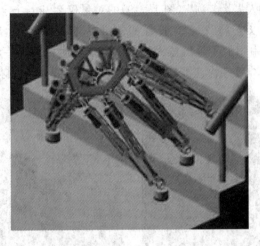

图 1-22　机器人"章鱼侠"

1.2.3　轮腿式移动机器人的发展

　　轮腿式移动机器人兼具轮式优势和腿部能力，平地移动快、效率高、噪音低，借助腿部能力则能完成适应不平地面、跳跃通过台阶等动作，越障能力强。轮腿式移动机器人随着轮式移动机器人和腿足式移动机器人技术的发展而在近年逐渐成熟。

　　德国研究了轮腿式移动机器人"ALDURO"，具有两个足和两个轮子，并且两个轮子在必要的时候可以成为足，变换为四足步行机器人。日本研究的轮腿式机器人"Roller - Walk"，轮子竖立起来就成为轮式探测车，轮子放平，就能以爬行的方式前进。美国波士顿动力的最新机器人产品"Handle"（图 1-23）是轮腿式移动机器人，能在多种恶劣环境下（如山地、雪地和崎岖的地形）顺利行动。

图 1-23　机器人"Handle"

北京航空航天大学与意大利米兰理工大学联合研制了"NOROS"新型6轮腿星球探测机器人，其本体由半球形外壳覆盖，平均分布在本体下的6条腿的末端布置了轮子，车体通过调整6条腿的姿态实现轮式运动与腿式运动的切换。北京理工大学运动驱动与控制研究团队研发了机器人"北理哪吒"(图1-24)，它是一款轮足复合式运动的机器人平台，可用于无人作战、抢险救援、物资运输、资源勘探等领域。腾讯Robotics X实验室推出了最低身高只有35厘米的轮腿式移动机器人"Ollie"(图1-25)，它可以跳上40厘米的台阶，竖直起跳高度最高可达60厘米，甚至能轻松完成360°空翻挑战；在平地上时，"Ollie"更像一个"不倒翁"，能抗住各种"突发"状况。

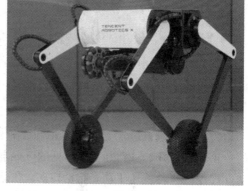

图1-24 机器人"北理哪吒"   图1-25 机器人"Ollie"

目前，世界各国的实验室都在根据现有移动机器人平台的机动性特点，不断拓展平台上感知、负载等各功能模块的搭建，让移动机器人具备更成熟、更丰富的能力，走进更多生活场景，向人机共存、共创、共赢的未来不断迈进。

1.3 移动机器人的基本结构

移动机器人通常由四大部分组成，即执行机构、驱动机构、控制系统和感知-决策系统。

1.3.1 移动机器人的执行机构

本章1.2节已经涉及了移动机器人的移动机构。轮式移动机构是移动机器人最通用的执行机构，所以在此只介绍最基础的轮式移动机构。与其他移动机构相比，轮式移动机器人具有机械结构简单、运动灵活度大、操作性能好、能量利用率高等优点。

1. 常见的车轮

轮式移动机器人的轮子结构有很多，常用的有四种，如图1-26所示。

标准轮有两个自由度，分别是围绕轮轴和接触点的转动；小脚轮有三个自由度，分别是围绕垂直轴的转动、围绕偏移的轮轴和接触点的转动。操纵时绕偏心轴旋转，会引起底盘上加力。瑞典轮也称为麦克纳姆轮，车轮外缘布置的辊子轴线与车轮轴线具有一定夹角，也有三个自由度，分别是围绕轮轴、辊子和接触点的转动。轮子摩擦小，可以沿可能的

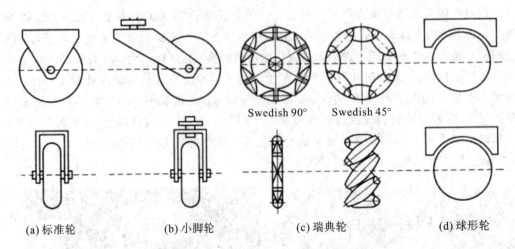

(a) 标准轮　　　　(b) 小脚轮　　　　(c) 瑞典轮　　　　(d) 球形轮

图 1-26　移动机器人常用的车轮

轨迹按照运动学原理移动；球形轮可以沿任何方向受动力而旋转。

2. 轮式移动机器人轮子配置方式

轮式移动机器人最常见的是 3 轮和 4 轮结构，也有如自行车、摩托车以及 2 轮自平衡车的 2 轮配置。图 1-27 为三种常见的 3 轮轮式移动机器人驱动方式，图 1-27(a)所示的驱动方式为后两轮差速驱动，舵轮转向。在这种方式中，舵轮的速度与驱动轮速度要配合，通过调整舵轮角度使移动机器人在不转动车头的情况下实现变道、转向等动作，甚至可以实现沿任意点为半径的转弯运动，具有很强的灵活性。图 1-27(b)所示的驱动方式为前轮驱动加转向、后两轮随动。此种方式不需要考虑电机配合的问题。图 1-27(c)所示的驱动方式为通过两驱动轮的差动来实现转向，转向时的半径、速度、角速度，都由两个驱动轮确定；可以实现原地打转等动作，有较强的灵活性。采用图 1-27 3 轮机构的机器人转弯过程中形成的速度瞬心位于后两轮轴心连线上，所以即使机器人旋转半径为零，旋转中心也与车体的中心不一致。但 3 轮机构中具有一个明显的优点，即不需要专门的悬挂系统保持各轮与地面的可靠接触，设计中只需要注意车体中心位置合理即可。

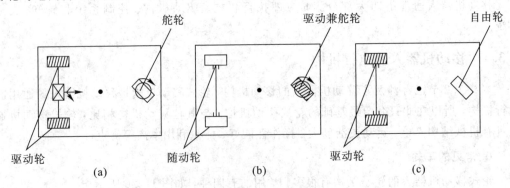

图 1-27　3 轮移动机构

常见的 4 轮移动机构如图 1-28 所示。图 1-28(a)中，4 个车轮布置在矩形平面的四角，后两轮差速驱动，前两舵轮同步转向。图 1-28(b)中前两舵轮驱动兼转向。图 1-28(c)所示结构为 4 轮转向加两轮驱动方式，这种方式使得 4 轮移动机器人具有了横向移动的能力。采用 4 轮机构的移动机器人有两个缺点：一是部分 4 轮机构的机器人移动能力受到限制，转向运动的实现需要一定的前行行程；二是这种布局需要一个缓冲悬挂系统以保持稳定、可靠的驱动能力，另外部分结构的横滑运动必须考虑。

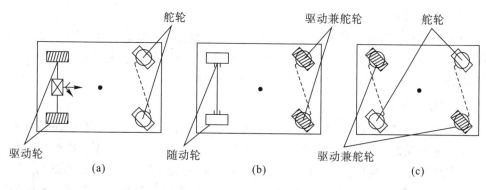

图 1-28 4 轮移动机构

1.3.2 移动机器人的驱动系统

移动机器人驱动系统的功能是将能源动力传送到执行机构。移动机器人主要使用三种驱动方法，即液压驱动、气动驱动和电动机驱动。

液压驱动就是利用液压泵对液体加压，使其具有高压势能，然后通过分流阀推动执行机构进行动作，从而达到将液体的压力使能转换成做功的机械能。液压驱动的最大特点就是动力比较大，力和力矩惯性比大，反应快，比较容易实现直接驱动，适用于要求承载能力和惯性大的场合。其缺点是多了一套液压系统，对液压元件要求高，否则容易造成液体渗漏，且噪声较大，对环境有一定的污染。

气压驱动的基本原理与液压驱动相似。其优点是空气来源方便、动作迅捷、结构简单、造价低廉、维修方便，其缺点是不宜进行速度控制、气压不易过高、负载能力较低等。

电动机驱动是利用各种电动机产生的力或转矩直接驱动移动机器人，常见的轮式移动机器人应用的电机有四种类型：步进电机、直流伺服电机、交流伺服电机和线性电机。直流伺服电机在移动机器人中使用较多，其可以通过调节电枢电压的方式控制转速，具有电源方便、响应快的优点，信息传递、检测、处理都很方便，且驱动能力较大；其缺点是转速较高，必须采用减速机构将其转速降低，结构有些复杂。

1.3.3 移动机器人的控制系统

移动机器人的控制系统是由控制计算机及相应的控制软件和伺服控制器组成的，它相当于人的神经系统，是移动机器人的指挥系统，对其执行机构发出如何动作的命令。移动机器人的控制系统主要有集中控制、主从控制、分散控制和分布式控制等几种形式。

1. 集中控制系统

用一台计算机实现全部控制功能，其结构简单，成本低，但实时性差，难以扩展，早期的移动机器人中常采用这种结构。集中式控制系统的优点是硬件成本较低，便于信息的采集和分析，易于实现系统的最优控制，整体性与协调性较好。其缺点也显而易见：系统控制缺乏灵活性，控制危险容易集中，一旦出现故障，影响面广；由于机器人的实时性要求很高，当系统进行大量数据计算时，会降低系统实时性，系统对多任务的响应能力也会与系统的实时性相冲突；此外，系统连线复杂，会降低系统的可靠性。

2. 主从控制系统

主从控制系统采用主、从两级处理器实现系统的全部控制功能。主 CPU 实现管理、环境检测、路径规划和系统自诊断等，从 CPU 实现动作控制。主从控制系统实时性较好，适用于高精度控制场景，但其系统扩展性较差，维修困难。

3. 分散控制系统

分散控制系统按移动机器人的功能将系统控制分成几个模块，每一个模块各有不同的控制任务和控制策略，各模块之间可以是主从关系，也可以是平等关系。这种方式实时性好，易于实现高速、高精度控制，且易于扩展，可实现智能控制。其主要思想是"分散控制，集中管理"，即系统对其总体目标和任务可以进行综合协调和分配，并通过子系统的协调工作来完成控制任务，整个系统在功能、逻辑和物理等方面都是分散的，又称为集散控制系统。这种结构中，子系统是由控制器和不同被控对象或设备构成的，各个子系统之间通过网络等相互通信。

4. 分布式控制系统

分布式控制结构提供了一个开放、实时、精确的机器人控制系统。分布式控制系统常采用两级控制方式，通常由上位机、下位机和网络组成。上位机类似于人的大脑，实现高级控制功能，下位机类似于人的低级神经系统，实现运动控制等底层功能。上位机和下位机通过通信总线相互协调工作，通信总线可以是 RS-232、RS-485、EEE-488 以及 USB 总线等形式。目前，以太网和现场总线技术的发展为移动机器人提供了更快速、稳定、有效的通信服务。分布式控制系统的优点在于系统灵活性好，控制系统的危险性降低，采用多处理器的分散控制，有利于系统功能的并行执行，提高了系统的处理效率，缩短了响应时间。

1.3.4　移动机器人的感知决策系统

科学家一直试图将人的智能引入移动机器人控制系统，以实现机器人的智能控制，即达到在没有人的干预下，移动机器人能实现自主控制的目的。移动机器人的感知决策系统由两部分组成：感知系统和分析—决策智能系统。

感知系统主要由具有感知不同信息的传感器构成，属于硬件部分，包括视觉、触觉、嗅觉等传感器。在视觉方面，目前多利用摄像机作为视觉传感器，视觉传感器与计算机相结合，采用电视技术，使移动机器人具有视觉功能，可以"看到"外界的景物，经过计算机对图像的分析处理，就可以对移动机器人下达如何动作的命令。这类视觉传感器多用于识别、监视和检测。移动机器人的触觉传感器多为微动开关、导电橡胶或触针等，利用触觉传感器对触点接触是否形成电信号的"通"与"断"，将信息传送到控制系统，从而命令移动机器人执行机构。

分析-决策智能系统主要是靠计算机专用或通用软件如专家咨询系统、智能算法、优化算法等来完成。

目前的移动机器人也逐渐具有人造肌肉和皮肤组织。根据机器人专家预测，机器人可能会与人类在未来越来越难以区分。

1.4 移动机器人的研究内容

移动机器人的研究涉及很多内容，包括以下几个方面：

1. 移动机器人机构设计

移动机器人机构设计即移动机器人机械结构的选择和设计，是根据移动机器人在各个领域以及各种场合的实际应用需要进行的。移动机器人是一个机构、电气和软件的综合系统，它的任何一个部分都不是孤立的，结构的问题影响到控制和算法。近年来，由于应用场景的不断扩大和智能机器人研究的加快，国内外对于移动机器人的移动载体的结构形式的研究也越来越多，涌现出较多结构的移动机器人。

2. 移动机器人传感器技术

移动机器人传感器技术主要是对移动机器人自身的位置和方向信息以及外部环境信息的检测和处理。采用的传感器分为内部传感器和外部传感器。内部传感器有编码器、线加速度计、陀螺仪、GPS、磁罗盘、激光传感器、激光雷达等。其中编码器粗略地确定移动机器人的位置；线加速度计测量移动机器人的线速度和位置信息；陀螺仪测量移动机器人的角度、角速度、角加速度，以得到移动机器人的姿态角、运动方向和转动时的运动方向的改变量等；GPS 多用于室外移动机器人的定位。外部传感器有视觉传感器、超声波传感器、红外传感器、接触和接近传感器。视觉传感器采用 CCD(Charge Coupled Device，感光耦合组件)摄像机进行移动机器人对外部环境的感知，进而实现基于视觉的移动机器人导航与定位、目标识别和地图构造等；超声波传感器用于测量移动机器人工作环境中障碍物的距离信息和进行地图构造等；红外传感器多采用红外接近开关来探测移动机器人工作环境中的障碍物，以避免碰撞；接触和接近传感器多用于避障规划。

3. 移动机器人导航

移动机器人已在诸多行业被广泛应用，它是实现自主控制移动、自动执行工作的智能装置，不仅能接受用户的指挥，运行预先编排的程序，甚至能在无人干预的情况下实现自主移动即导航。目前的移动机器人导航方式主要可分为惯性导航、路标导航以及基于环境信息的地图模型匹配导航等方式。环境地图模型匹配导航是机器人通过自身的各种传感器，探测周围环境，利用感知的局部环境信息进行局部地图构造，并与其内部事先存储的完整地图进行匹配，进而确定自身位置。根据规划的全局路径，采用路径跟踪和避障技术，实现导航，涉及环境地图构建和模型匹配两个问题。路标导航是将环境中的特殊景物作为路标，机器人在知道这些路标在环境中的坐标、形状等信息的前提下，通过对路标的探测确定自身位置。根据路标的不同，路标导航可分为人工路标导航和自然路标导航，前者通过对人为放置的特殊标志的识别实现导航，后者是机器人通过对环境中自然特征的识别完成导航。路标探测的稳定性和鲁棒性是研究的主要问题。惯性导航是通过描述移动机器人的方位角和根据从某一参考点出发测定的行驶距离来确定移动机器人当前位置的一种方法。这种导航方式通过与已知的地图路线来比较，进而控制移动机器人的运动方向和距离，以实现移动机器人的自主导航。

4. 移动机器人定位

自主移动机器人导航过程需要回答三个问题："我在哪里?""我要去哪儿?""我怎样到达那里?"定位就是要回答第一个问题,移动机器人定位就是确定移动机器人在其运动环境中的世界坐标系的坐标。移动机器人定位方法主要分为相对定位和绝对定位。根据机器人工作环境的复杂性、配备传感器的种类和数量的不同,有多种相对定位和绝对定位方法。在移动机器人的车轮上装有光电编码器或其他测速传感器,通过对车轮转动的记录粗略地确定位置和姿态是一种最基本的相对定位。该方法虽然简单,但是由于车轮与地面存在打滑现象产生的误差,使累积误差随路径的增加而增大,从而会引起较大的定位偏差。在移动机器人工作的环境里,人为地设置一些坐标已知的路标,如超声波发射器、激光反射板等,通过对这些路标的探测来确定移动机器人自身的位置可看作一种绝对定位方式。此种方法也是普遍采用的方法,可获得较高的定位精度且计算量小,并且可用于实际的生产中。但该方法需要对工作环境预先设定路标,不太符合真正意义上的自主导航。随着卫星定位系统的广泛应用,通过卫星进行定位是一种可行的绝对定位方案,但对在室内运动的移动机器人的定位效果较差。

5. 移动机器人路径规划

路径规划即自主移动机器人导航过程需要回答的第三个问题。路径规划是指按照某一性能指标,搜索一条从起始状态到目标状态的最优或者近似最优的无碰路径。根据对环境信息的不同了解,路径规划可以分为两种类型:环境信息完全已知的全局路径规划;环境信息部分未知甚至完全未知,移动机器人通过传感器实时地对工作环境进行探测,以获取障碍物的位置、形状和尺寸等信息进行的局部路径规划。全局路径规划包括环境建模和路径搜索策略两个子问题,局部路径规划要解决运动过程中的避障问题。

6. 移动机器人同时定位与地图构建

在未知环境中导航的移动机器人面临着一个两难的问题:移动机器人需要依靠已知的环境地图模型确定自身的位姿;同时,移动机器人需要依靠各时刻自身的位姿构建环境地图模型。为解决这个两难问题,需要移动机器人利用自身配备的传感器获得未知环境的信息,应用环境信息构建环境地图的同时实现移动机器人自身定位。这就是移动机器人的同时定位与地图创建(Simultaneous Localization And Mapping,SLAM)。SLAM问题的解决是移动机器人导航问题研究的基础,也是移动机器人真正实现自主能力的关键。

SLAM主要研究在对机器人位姿和其作业环境都不具备先验知识的情况下,如何应用合理的表征方法建模,以描述作业环境,同时确定其自身位姿。概率方法解决SLAM问题无论在理论上还是在应用上都有不可替代的优势,在应用随机概率方法解决同时定位与地图创建问题时,首先要建立概率表示的移动机器人运动模型和观测模型,用状态向量表示移动机器人自身的位姿和环境特征的位置,运用滤波技术对移动机器人的位姿和环境特征进行估计。移动机器人所有的可能位姿和环境特征保持概率分布,随着移动机器人的运动,观测到新的环境数据,概率分布被更新,从而减少移动机器人位姿估计和环境特征估计的不确定性。

7. 多移动机器人系统

多移动机器人系统一般由几个至几十个移动机器人组成，这些移动机器人可以是异构的，但基本特征在于系统中机器人均可按照指令合作完成对象任务，系统中各个移动机器人的基本信息如位置、速度、方向、目标、能量等能够进行交互，且整体系统的控制方案均以多移动机器人交互信息作为决策参考依据。多移动机器人系统的研究分为多移动机器人合作和多移动机器人协调两大类，主要研究多移动机器人如何分解和分配任务，以及运动的协同和冲突的消解。

习   题

1.1 移动机器人的特征是什么？

1.2 移动机器人的结构是什么？各部分的功能是什么？

1.3 移动机器人主要应用在哪些领域？

1.4 移动机器人的研究内容都有哪些？各部分内容的作用是什么？

第 2 章 移动机器人运动控制系统

移动机器人运动控制系统的功能是对机械运动部件的位置、速度等进行实时的控制和管理，使其按照预期的运动轨迹和规定的运动参数进行运动。一个好的运动控制系统对于移动机器人实现指定功能有着重要的作用。本章讲述移动机器人运动控制系统的组成、不同移动机构的选型、运动控制系统工作原理、运动控制系统硬件设计以及软件系统等内容。

本章重点

·移动机器人运动控制系统的组成；

·移动机器人运动控制系统工作原理；

·轮式移动机器人运动控制系统实现。

2.1 移动机器人运动控制系统组成及本体部件选择

移动机器人工作于开放式的环境当中，需要不断适应环境的动态变化并进行反馈控制，这就要求其运动控制系统更加可靠和智能，运动控制系统的优劣直接决定移动机器人工作能力的高低。通常情况下，移动机器人运动控制系统主要由机械运动机构、驱动器和驱动单元、运动控制器等部分和相应的运动控制方法等内容组成。对于电力驱动的移动机器人，其运动控制系统框图如图 2-1 所示。

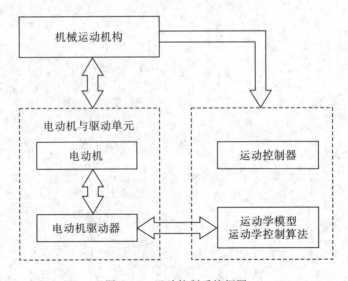

图 2-1 运动控制系统框图

移动机器人的机械运动机构(如车轮)、驱动器和驱动单元(如电机与电机驱动器)以及外壳等构成了移动机器人本体。

2.1.1　移动机器人运动机构

移动机器人中,轮式移动机器人最为常见,本节相关内容的开展均以轮式移动机器人为背景进行。轮式移动机器人中运动机构的基本原理和主要特点如表 2-1 所示,具体采用何种运动机构类型需要根据场景需要进行设计和确定。

表 2-1　轮式移动机器人运动机构的基本原理和主要特点

运动机构类型	基 本 原 理	主 要 特 点
双轮	车体左右两侧各有一个差速轮作为驱动轮,其余车轮都为随动轮。差速轮本身不能旋转,转向都是靠内外驱动轮之间的速度差来实现的,因此不需要配置转向电动机	可以原地旋转,较灵活。对电动机的控制精度要求不高,成本相对较低。对地面平整度要求高
四轮	车体四轮均为驱动轮,靠内外侧驱动轮速度差实现转向	直线行走能力良好,驱动力强,但电动机控制相对复杂,成本较高。需要精细结构设计使四轮着地,防止打滑
单舵机	通常为前驱,主要依靠车体前部的一个铰轴转向车轮作为驱动轮控制转向	结构简单、成本相对较低。对地面要求不高,使用环境广泛。灵活性相对较低
双舵机	车体前后各安装一个舵机,搭配左右两侧的随动轮,由前后舵轮控制转向	双舵轮型转向驱动的优点是可以实现360°回转功能,并可以实现万向移动,灵活性高且具有精确的运行精度。缺点是双舵轮成本高
麦克纳姆轮	又称瑞典轮。在中心圆周方向布置了一圈独立的、倾斜角度(45°)的行星轮,这些成角度的行星轮把中心轮的前进速度分解成 X 和 Y 两个方向,实现前进及横行。其结构紧凑,运动灵活,是一种全方位轮	可以实现360°回转功能和万向横移,灵活性高,运行占用空间小,更适合在复杂地形上运动。缺点是成本相对较高,结构形式复杂,对控制、制造、地面的要求较高

2.1.2　移动机器人常用电动机

移动机器人常用的电动机包括直流伺服电动机、步进电动机、舵机等类型。表 2-2 给出了移动机器人常用电动机的类型及其原理和特点。

表 2 - 2 移动机器人常用电动机的类型及其原理和特点

电动机类型	基 本 原 理	主 要 特 点
直流伺服电动机	直流电压。直流伺服电动机分为有刷电动机和无刷电动机	直流伺服电动机容易实现调速,控制精度高。有刷电动机维护成本高
步进电动机	步进电动机是将电脉冲信号转变为角位移或线位移的开环控制电动机。在非超载情况下,电动机的转速、停止的位置只取决于脉冲信号的频率和脉冲数,而不受负载变化的影响,当步进驱动器接收到一个脉冲信号,它就驱动步进电动机按设定的方向转动一个固定的角度。它的旋转是以固定的角度一步一步运行的	优点是控制简单、精度高,没有累积误差,结构简单,使用维修方便,制造成本低。缺点是效率较低、发热大,有时会失步
舵机	由接收机发出信号给舵机,经由电路板上的 IC 判断转动方向,再驱动无核心马达开始转动	速度快、扭力大的舵机,价格较高且耗电大

2.1.3 移动机器人常用运动控制器

运动控制器是移动机器人运动控制系统的核心,需从功能、系统结构、运算速度、兼容性等方面综合考虑运动控制器的设计和配置。目前移动机器人领域的运动控制器可分为三类:PLC(Programmable Logic Controller)处理器、工控机和单片机。前两种稳定性好、编程简单,但成本较高,外围接口不多;单片机成本低、可扩展性强,但稳定性与抗干扰能力不如前两种。目前单片机的运动控制器绝大多数基于 ARM(Acorn RISC Machine)处理器或者 DSP(Digital Signal Processing)处理器。ARM 处理器外围接口多,可扩展性强,但计算能力不佳,难以处理一些复杂的算法;DSP 计算能力强,可处理比较复杂的算法,但外围接口少,可扩展性差。在机器人需要完成诸多功能与调度管理时,运动控制器需要较多外围功能模块接口,因此控制器一般采用 ARM 处理器;在机器人完成一些复杂的运动算法时,运动控制器需要具备较强的计算能力,因此控制器一般采用 DSP 处理器。单一处理器架构一般只适应某些特定类型的机器人,难以适应诸多种类的移动机器人。一般诸多种类的移动机器人微处理器采用 ARM+DSP 或者工控机+DSP 双处理器架构。对于具有基础运动功能的移动机器人来说,DSP 处理器即可满足运动控制要求,表 2-3 给出了 4 种 DSP 控制芯片的性能,供选择时参考。

表 2 - 3　DSP 芯片性能比较

	TMS320F2812	TMS320F2407A	ADSP21992	DSP56F807
CPU	32 位	16 位	16 位	16 位
主频	150 MHz	40 MHz	160 MHz	80 MHz
片内 RAM	18 Kb×16	2 Kb×16	48 Kb×16	64 Kb×16
片内 Flash	128 Kb×16	32 Kb×16	0	68 Kb
片内 A/D	12 位 16 通道	10 位 16 通道	14 位 8 通道	12 位 16 通道
PWM	12 路	12 路	6 路	12 路

因 6 路 PWM 脉冲只能驱动一台无刷直流电机，因而 TMS320F2812 具有成本优势。

由于运动机构的不同，移动机器人运动控制系统的具体功能也不尽相同，分析和设计移动机器人运动控制系统功能时，需要建立和分析移动机器人运动学模型、移动机器人动力学模型、移动机器人运动控制算法。

2.2　移动机器人运动学模型

机器人运动学模型是运动控制系统的基础，以轮式移动机器人为例，它描述的是移动机器人主动轮转动的速度与移动机器人整体运动状态的关系，不同底盘构造的运动学模型也大不相同。移动机器人运动学模型是根据移动机器人底盘的几何特性，为整个移动机器人运动推导一个模型。

轮式移动机器人可分为非完整约束系统和完整约束系统两类。独立驱动的个数等于定义系统的一个位姿需要的变量个数的移动机器人属于完整约束系统，非完整约束系统则指定义系统的一个位姿需要的变量个数多于独立的驱动数。可知，传统双轮差速驱动的移动机器人属于完整约束系统，全方位轮（如麦克纳姆轮）式机器人则为非完整约束系统。本节以具有代表意义的双轮差速驱动的移动机器人为例进行相关知识讲解。

建立和运用运动学模型的基本步骤如下：

（1）建立平面全局参考坐标系和移动机器人局部参考坐标系来表示移动机器人的位置。

（2）根据移动机器人结构的几何特征和各轮速度，计算在局部参考坐标系中各轮的贡献，得到前向运动学模型，用以描述移动机器人的几何特征和单个轮子行为的函数关系。

（3）在给定移动机器人位置和轮速的情况下，计算出移动机器人在全局参考框架中的速度。

2.2.1　移动机器人坐标系

在整个分析过程中，假定某两轮差速驱动的移动机器人由刚性底盘和刚性轮组成，如

图 2-2 所示。为了确定移动机器人在平面中的位置，建立全局参考坐标系和移动机器人局部参考坐标系之间的关系。

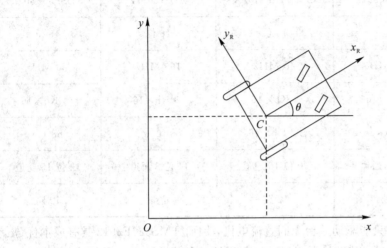

图 2-2　全局参考坐标系和局部参考坐标系

图 2-2 中，xOy 为全局参考坐标系，$x_R C y_R$ 为机器人的局部参考坐标系，局部参考坐标系的原点为移动机器人底盘上后轮轴的中点 C。在全局参考坐标系下，C 的位置由坐标 x 和 y 确定，θ 表示全局参考坐标系和局部参考坐标系的角度差（θ 为移动机器人的航向角）。移动机器人在全局参考坐标系中的位姿也叫做状态向量，可由这 3 个元素组成的向量 ξ_I 来描述。

$$\xi_I = \begin{bmatrix} x \\ y \\ \theta \end{bmatrix} \tag{2-1}$$

为了建立移动机器人的运动和各个轮子运动之间的关系，需要给出局部参考坐标系下的运动和全局参考坐标系下运动的映射关系。该映射可由正交旋转矩阵来完成，正交旋转矩阵为

$$\boldsymbol{R}(\theta) = \begin{bmatrix} \cos\theta & \sin\theta & 0 \\ -\sin\theta & \cos\theta & 0 \\ 0 & 0 & 1 \end{bmatrix} \tag{2-2}$$

由此，移动机器人在局部参考坐标系中的状态向量 ξ_R 可由式（2-3）计算得到：

$$\xi_R = \boldsymbol{R}(\theta)\xi_I \tag{2-3}$$

根据式（2-3）可以将全局参考坐标系中的运动映射为局部参考坐标系中的运动；反之，可将局部参考坐标系中的运动映射到全局参考坐标系中，即

$$\xi_I = \boldsymbol{R}(\theta)^{-1}\xi_R \tag{2-4}$$

其中

$$\boldsymbol{R}(\theta)^{-1} = \begin{bmatrix} \cos\theta & -\sin\theta & 0 \\ \sin\theta & \cos\theta & 0 \\ 0 & 0 & 1 \end{bmatrix} \tag{2-5}$$

　　对于图 2-2 中的机器人，如果 $\theta = 0°$，则移动机器人沿局部坐标系 x_R 方向的运动速度等于 $\dot{x}$，沿局部坐标系 y_R 方向的运动速度等于 $\dot{y}$。

2.2.2　移动机器人运动学模型

　　本小节以双轮差速驱动移动机器人为例（简化模型如图 2-3 所示），分析移动机器人运动学模型。

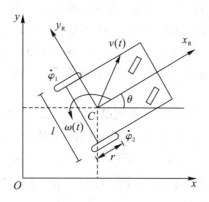

图 2-3　全局参考坐标系中的双轮差速驱动移动机器人

　　图 2-3 所示双轮差速驱动移动机器人的局部坐标系原点 C 位于两轮中心，且与移动机器人重心重合。移动机器人有两个主动轮，直径为 r，两轮的轮间距为 l。在运动中，移动机器人质心运动的线速度为 $v(t)$、转动的角速度为 $\omega(t)$，移动机器人左、右两轮转动的角速度分别为 $\dot{\varphi}_1$ 和 $\dot{\varphi}_2$，左、右两轮的线速度分别为 V_L 和 V_R。给定车轮直径、车轮间距以及航向角 r, l, θ，根据图 2-3 所示的几何关系，考虑到移动机器人满足刚体运动规律，则下面的运动学方程成立：

$$V_L = \dot{\varphi}_1 \frac{r}{2}, \; V_R = \dot{\varphi}_2 \frac{r}{2} \tag{2-6}$$

$$\omega(t) = \frac{V_R - V_L}{l}, \; v(t) = \frac{V_L + V_R}{2} \tag{2-7}$$

　　根据式（2-4），移动机器人在全局坐标系中的运动速度用下式表示：

$$\begin{bmatrix} \dot{x} \\ \dot{y} \\ \dot{\theta} \end{bmatrix} = \begin{Bmatrix} \cos\theta & -\sin\theta & 0 \\ \sin\theta & \cos\theta & 0 \\ 0 & 0 & 1 \end{Bmatrix} \begin{pmatrix} v(t) \\ \omega(t) \end{pmatrix} \tag{2-8}$$

　　联合式（2-6）、式（2-7）与式（2-8），得到双轮差速驱动移动机器人的运动学模型为

$$\begin{bmatrix} \dot{x} \\ \dot{y} \\ \dot{\theta} \end{bmatrix} = \boldsymbol{R}(\theta)^{-1} \begin{bmatrix} \dfrac{r\dot{\varphi}_1}{2} + \dfrac{r\dot{\varphi}_2}{2} \\ 0 \\ -\dfrac{r\dot{\varphi}_1}{l} + \dfrac{r\dot{\varphi}_2}{l} \end{bmatrix} = \boldsymbol{R}(\theta)^{-1} \begin{Bmatrix} \dfrac{r}{2} & \dfrac{r}{2} \\ 0 & 0 \\ -\dfrac{r}{l} & \dfrac{r}{l} \end{Bmatrix} \begin{Bmatrix} \dot{\varphi}_1 \\ \dot{\varphi}_2 \end{Bmatrix} \tag{2-9}$$

　　式（2-9）表明，双轮差速驱动移动机器人的运动学模型是将机器人左、右两轮转动的角速度变换为移动机器人在全局坐标系中的运动速度。

2.3 移动机器人动力学模型

动力学模型的作用是为了确定移动机器人在受到外力作用时的运动结果。获得机器人动力学模型的方法有很多，包括拉格朗日算法、牛顿欧拉法、凯恩方程算法等。对于上节所述的双轮差速驱动移动机器人，因其驱动方式简单，所以，直接应用简单的受力分析方法即可获得它在外力作用下的位置、速度、加速度的约束关系。

以图 2-3 所示移动机器人为例，假设该机器人整体质量为 m，左右两轮输出的转动惯量为 J_1、J_2，左右电机驱动力矩分别为 T_1、T_2，左右两轮的转速分别为 $\dot{\varphi}_1$ 和 $\dot{\varphi}_2$，左右两轮受到的 x_R 方向的约束反力分别为 $F_{x_{R1}}$、$F_{x_{R2}}$，两轮沿 y_R 轴方向受到的约束反力之和为 F_{yR}。

分别在移动机器人坐标系方向以及电机轴方向对移动机器人进行受力分析，满足力平衡与力矩平衡条件，可得到如下双轮差速驱动移动机器人的运动力学方程：

$$\begin{cases} m\ddot{x} - (F_{x_{R1}} + F_{x_{R2}})\cos\theta + F_{yR}\sin\theta = 0 \\ m\ddot{y} - (F_{x_{R1}} + F_{x_{R2}})\sin\theta + F_{yR}\cos\theta = 0 \\ J\ddot{\theta} + \dfrac{l}{2}(F_{x_{R1}} - F_{x_{R2}}) = 0 \\ J_1\ddot{\varphi}_1 + \dfrac{r}{2}F_{x_{R1}} = T_1 \\ J_2\ddot{\varphi}_2 + \dfrac{r}{2}F_{x_{R2}} = T_2 \end{cases} \quad (2-10)$$

其中，$\ddot{x}$、$\ddot{y}$ 分别为移动机器人在全局坐标系中沿 x、y 方向的加速度，$\ddot{\theta}$ 为角加速度。式 (2-10)表达的双轮差速驱动移动机器人动力学模型说明了移动机器人在受到外力作用时，其车轮加速度与左右车轮电机驱动力矩之间的约束关系以及移动机器人车体在全局坐标系中的加速度和角加速度与其车轮所受到的力之间的约束关系，为后续的控制打下了基础。

2.4 移动机器人运动控制算法

移动机器人在运动过程中，根据控制指令，使用适合的运动控制算法和参数，准确地跟踪给定的指令轨迹。具体地说，运动控制的被控对象移动机器人，如前文所述的双轮差速驱动移动机器人，直观的控制量是 2.3 节中所建立的运动学模型所述的左右轮转速，为了更一般地描述该移动机器人车体的运动，控制量一般选移动机器人车体的线速度与角速度，左右轮转速可由模型反求取。

移动机器人基本的运动控制算法是以 PID(比例、积分、微分)控制方法为理论基础的，PID 方法最大的优点在于不需要了解被控对象的数学模型，只要根据经验调整参数，便可获得满意的结果。

在移动机器人运动控制中，一般设计按位置偏差进行比例、积分、微分控制的 PID 控制器。随着微机控制技术的发展，PID 控制算法已能在微机中简单地实现。由于软件设计的灵活性，数字 PID 算法可以很容易得到修正，从而比模拟 PID 调节器的性能更完善。因此，数字 PID 控制算法是电机微机控制中常用的一种基本控制算法。

本节将介绍 PID 控制算法的设计与实现技术，着重介绍 PID 控制律的离散化以及与数字 PID 控制程序设计有关的一些技术。

2.4.1　PID 控制方法

1. 模拟 PID 调节器

在连续控制系统中，模拟 PID 调节器是一种线性调节器。图 2-4 所示是一个小功率直流调速系统结构图。其中 n_r 为转速给定信号，n 为实际转速，偏差 $e = n_r - n$；PID 调节器的输出电压 u 经过功率放大后，作为直流电机的电枢电压去控制直流电机的转速。

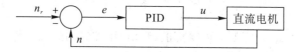

图 2-4　小功率直流调速系统结构图

模拟 PID 控制系统的方框图如图 2-5 所示。其中 n_r 为设定值；n 为系统输出，$e = n_r - n$，构成控制偏差，为 PID 控制器的输入；u 为 PID 控制器的输出，也是被控对象的输入。模拟 PID 调节器的控制规律为

$$u = K_p \left[e(t) + \frac{1}{T_I} \int_0^t e \, \mathrm{d}t + T_D \frac{\mathrm{d}e}{\mathrm{d}t} \right] + u_0 \tag{2-11}$$

其中，K_P 为比例系数，T_I 为积分时间常数，T_D 为微分时间常数。

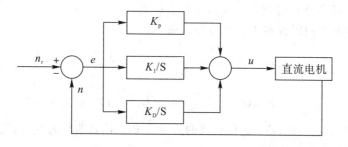

图 2-5　PID 控制系统的方框图

模拟 PID 控制器中比例调节器的作用是对于偏差做出瞬时快速反应。偏差一旦产生，控制器立即产生控制作用，使控制量向着减小偏差的方向变化，控制作用的强弱取决于比例系数 K_p。式(2-11)表明，只有当偏差存在时，第一项才有控制量输出。因此，对于大部分控制对象，如直流电机的电枢电压调速，要加上适当的、与转速和机械负载有关的控制常量 u_0；否则，单用比例控制器会产生稳态误差。

积分控制器的作用是把偏差累积的结果作为它的输出。式(2-11)的第二项表明，积分常数 T_I 越大，积分的累积作用越弱，反之则积分作用越强。T_I 必须根据控制的具体要求来选定。增大 T_I 将减缓消除静态误差的过程，但如此可减少超调，提高稳定性。

微分项的作用是阻止偏差的变化，偏差变化越快，微分调节器的输出也越大。因此，微分作用的加入将有助于减小超调，克服振荡，使系统趋于稳定。它加快了系统跟踪的速度。适当选择微分常数 T_D 的大小，对恰当地实现上述微分作用是至关重要的。

2. 控制律的离散化方法

计算机控制是一种采样控制，它只能根据采样时刻的偏差值计算控制量，进行离散控制，而不能像模拟控制器那样连续输出控制量，实现连续控制。因此，式(2-11)中的积分和微分项在微机中不能直接准确计算，只能用数值计算的方法逼近。如果 T 为采样周期，用离散采样时刻点 iT 表示连续时间，以和式代替积分，以增量代替微分，可作如下近似变换：

$$t = iT,\ i = 0,\ 1,\ 2,\ \cdots$$

$$\int_0^t e(t)\,\mathrm{d}t = T\sum_{j=0}^{i} e_j \qquad (2-12)$$

$$\frac{\mathrm{d}e(t)}{\mathrm{d}t} = \frac{e_i - e_{i-1}}{T}$$

将式(2-12)带入式(2-11)，可得离散(数值)型控制的近似计算公式：

$$u_i = K_\mathrm{p}\left[e_i + \frac{T}{T_I}\sum_{j=0}^{i} e_j + \frac{T_D}{T}(e_i - e_{i-1}) + u_0\right] \qquad (2-13)$$

式中，u_i 为第 i 个采样时刻的输出值；e_i 为第 i 个采样时刻的系统输出偏差，即 PID 调节器的输入值；e_{i-1} 为第 $i-1$ 个采样时刻的系统输出偏差；u_0 为开始进行 PID 控制时原始的控制值。

当控制量初始值为零时，式(2-13)可以重新写成

$$u_i = K_\mathrm{p}e(t) + K_\mathrm{I}\int_0^t e(\tau)\,\mathrm{d}\tau + K_\mathrm{D}\frac{\mathrm{d}e(t)}{\mathrm{d}t} \qquad (2-14)$$

这也是 PID 控制器在时域中一般形式的表达式。

在计算机控制中使用数字式的 PID 控制形式为

$$u(k) = K_\mathrm{p}e(k) + K_\mathrm{I}'T\sum_{i=0}^{k} e_i + K_\mathrm{D}'\frac{e(k) - e(k-1)}{T}$$

$$= K_\mathrm{p}e(k) + K_\mathrm{I}\sum_{i=0}^{k} e_i + K_\mathrm{D}[e(k) - e(k-1)] \qquad (2-15)$$

式中，$K_\mathrm{I} = K_\mathrm{I}'T$，$K_\mathrm{D} = K_\mathrm{D}'/T$。这种形式的数字式 PID 控制器称为绝对式数字式 PID 控制器。在 $k-1$ 时刻 PID 控制量：

$$u(k-1) = K_\mathrm{p}e(k-1) + K_\mathrm{I}\sum_{i=0}^{k} e_i + K_\mathrm{D}[e(k-1) - e(k-2)] \qquad (2-16)$$

有的系统采用步进电机等增量型执行机构，执行机构需要的控制量，不是位置量的绝对数值，而是其增量值，则应采用增量式 PID 算法。通过式(2-15)和式(2-16)可以得到控制量的增量

$$\Delta u(k) = u(k) - u(k-1)$$

$$= K_\mathrm{p}[e(k) - e(k-1) + K_\mathrm{I}e(k) + K_\mathrm{D}[e(k) - 2e(k-1) + e(k-2)]]$$

$$\qquad (2-17)$$

$$u(k) = u(k-1) + \Delta u(k)$$

增量式算法只需保留现时以前三个时刻的偏差值即可。与位置式算法相比，增量式 PID 算法的计算工作量小得多。增量式 PID 控制器适合于计算机计算，而且这种形式在一定程度上能够避免控制器产生积分饱和，在工业生产中有着广泛应用。

2.4.2　PID 控制控制器参数的选择

在数字 PID 控制中，采样周期相对于系统的时间常数来说，一般是很短的。此时，其参数 K_p、T_I、T_D 可按模拟 PID 控制器中的方法来选择。

在电机控制中，首先要求系统是稳定的。在给定值变化时，被控量应当能够迅速、平稳地跟踪，超调量要小。在各种干扰下，被控量应能保持在给定值附近。此外控制变量不宜过大，避免系统经常过载。显然，要同时满足上述要求是很困难的，但必须根据具体情况，满足主要方面，并适当兼顾其他方面。

在选择 PID 控制器参数前，应首先确定调节器的结构，以保证被控系统的稳定，并尽可能消除稳态误差。对于电机控制系统而言，一般常选用 PI 或 PID 控制器结构。PID 参数的选择有两种可用的方法：理论设计法及实验确定法。理论设计法确定 PID 控制参数的前提是要有被控对象准确的数学模型，这在电机控制中往往很难做到。因此，下列两种实验确定法来选择 PID 控制参数便成为经常采用且行之有效的方法。

1. 凑试法

凑试法是通过模拟或闭环运行观察系统的响应曲线（如阶跃响应），然后根据各调节参数对系统响应的大致影响，反复凑试，改变参数，以达到满意的响应，从而确定 PID 控制器参数。凑试前，先要了解 PID 控制器参数值对系统响应的影响。增大比例系数 K_p，一般将加快系统的响应速度，有利于减少稳态误差，但过大的比例系数会使系统有较大的超调，并可能产生振荡，使稳定性变坏。增大积分常数 T_I 有利于减小超调，减小振荡，使系统更加稳定，但系统静态误差的消除将随之减慢。增大微分常数 T_D 亦有利于加快系统响应，使超调量减小，稳定性增加，但系统对扰动的抑制能力减弱，对扰动有较敏感的响应。

在凑试时，可以参考以上参数对控制过程的影响趋势，对参数按先比例、后积分、再微分的次序反复调试。具体的整定步骤如下：

（1）首先只整定比例部分，将比例系数由小变大，并观察相应的系统响应，直至得到反应快、超调小的响应曲线。如果系统静态误差已小到允许范围内，并且已达到 1/4 衰减度的响应曲线（最大超调衰减到 1/4 时，已进入允许的稳态误差范围），那么只需用比例控制器即可，比例系数可由此确定。

（2）如果在比例调节的基础上系统的静态误差达不到设计要求，则必须加入积分环节。整定时首先置积分常数 T_I 为一较大值，并将经第（1）步整定得到的比例系数略微减小（如降为原值的 80%），然后逐步减小积分常数，并根据响应曲线的好坏反复改变比例系数和积分常数，使其在保持系统良好动态性能的情况下，稳态误差得到消除，由此得到相应的整定参数。

（3）若使用比例积分调节器消除了稳态误差，但动态过程经反复调整仍不令人满意，则可加入微分环节，构成比例—积分—微分调节器。在整定时，可先置微分常数 T_D 为零，在第（2）步整定的基础上，逐步增大 T_D 的同时相应地改变 K_p 和 T_I，以获得满意的调节效果和相应的参数。

应该指出，所谓"满意"的调节效果，是随不同的对象和控制要求而异的。此外，满意的参数也不是唯一的，这是由于 PID 调节器的参数对控制质量的影响不十分敏感，在比例、积分、微分三部分产生的控制作用中，某部分的减小往往可由其他部分的增大来补偿。

因此,从应用的角度看,只要系统响应的主要指标达到设计要求,那么选定的控制器参数即为满意的控制参数。

2. 实验经验法

用凑试法确定 PID 参数,要进行反复多次的模拟或现场试验。为了减少凑试的次数,也可利用他人已取得的经验,并根据一定的要求事先做少量的实验,以得到基准参数。然后按照经验公式,由这些基准参数导出控制器参数,这就是实验经验法。临界比例法就是其中之一,这种方法首先将调节器选为纯比例调节器,形成闭环,改变比例系数,使系统对阶跃输入的响应达到临界的稳定边缘状态。将这时的比例系数记为 K_r,临界振荡的周期记为 T_r,根据齐格勒-尼柯尔斯(Ziegle – Nichols)提供的经验公式,就可以由这两个基准参数得到不同类型控制器的参数,如表 2 – 4 所示。

表 2 – 4　临界比例法确定 PID 控制器参数

控制器类型	K_p	T_I	T_D
P 控制	$0.5K_r$	—	—
PI 控制	$0.45K_r$	$0.85\,T_r$	
PID 控制	$0.6K_r$	$0.5T_r$	$0.12T_r$

这种临界比例法绘出的模拟控制器的参数整定值,对于数字 PID 调节器,只要采样周期取得比较小,原则上也是适用的。在机电计算机控制系统中,有时可以先采用临界比例法整定的参数,然后用凑试法进一步改善,直到满意为止。

2.4.3　双轮差速驱动移动机器人点到点运动控制

移动机器人的运动控制一般要解决移动机器人两种运动问题:

(1)镇定控制。又称为点对点控制,其控制目标是控制移动机器人运动到工作空间的指定点。要求移动机器人从任意的初始状态停止到任意的终止状态,其目的是获得一个反馈控制律,使得整个系统在一个平衡点附近稳定。对于移动机器人而言,点镇定又可称为姿态镇定或姿态调节。采用 PID 控制器即可实现镇定控制。

(2)跟踪控制。跟踪控制可分为轨迹跟踪控制和路径跟踪控制两种。当要求移动机器人在特定时间到达特定点时,就需要进行轨迹跟踪控制。而当要求移动机器人以一个期望的速度跟踪一条由几何参数组成的路径时,就可以使用路径跟踪控制。跟踪控制方法是将路径或轨迹分割为离散的目标点,通过遍历这些目标点,完成路径和轨迹的跟踪,目标点的遍历过程可以通过点到点运动控制来完成。由此产生了较多成熟的路径规划与控制方法。

本小节将以双轮差速驱动移动机器人为例,说明移动机器人的点到点运动控制。

控制移动机器人由当前点移动到指定目标点,其核心是令机器人在控制器作用下(以一定合适的方式)持续地向目标点运动。假设移动机器人可以以任意姿态到达目标点,设移动机器人实时位姿为 $[x_t, y_t, \theta_t]$,目标位置为 $[x_G, y_G, \theta_G]$,移动机器人与目标点"五角星"间实时的距离差为 $d_{er} = \sqrt{(x_G - x_t)^2 + (y_G - y_t)^2}$,角度差 $\theta_{er} = \tan(y_G - \dfrac{y_t}{x_G} - x_t) - \theta_t$(图 2 – 6 中 $\delta = \varphi - \theta$)。

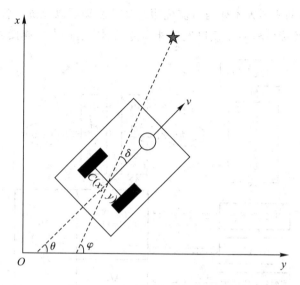

图 2-6　移动机器人点到点运动

简单地，运动控制器可以由两个并联的 PID 控制器组成，其中一个 PID 控制器，输入为距离差 d_{er}，输出为移动机器人车体线速度，即距离决定速度。距离远速度大，距离近速度小。另一个 PID 控制器，输入为角度差 θ_{er}，输出为车体角速度，即偏角误差决定转速。偏多转快，偏少转慢。

其双轮差速驱动移动机器人点到点运动控制框图如图 2-7 所示。

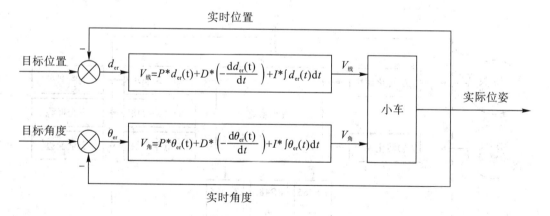

图 2-7　点到点 PID 控制

控制器控制移动机器人持续朝向目标移动，当移动机器人距离目标小于一定值时，可以认为移动机器人到达目标位置，完成运动控制过程。事实上，由于轮子打滑等原因，移动机器人的运动控制算法要在 PID 算法基础上进行调整。

2.5　移动机器人运动控制系统硬件

双轮驱动的移动机器人的控制系统一般采用上位机—下位机的形式，如图 2-8 所示。机载电脑作为上位机负责移动机器人系统控制，下位机负责运动控制。图 2-8 中的主控板即运动控制器,是移动机器人本体与直流伺服电动机驱动器以及机身各传感器的信息交汇枢纽,通过 A/D 转换接口和 I/O 接口连接外部传感器,通过串口连接通信网络模块。

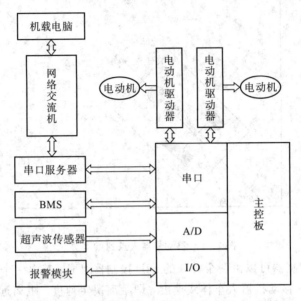

图 2-8 移动机器人运动控制系统常见硬件架构

根据系统功能可将硬件电路分为以下几个模块:最小系统模块、串口通信模块、A/D 转化模块、报警功能模块(I/O 接口)电路以及电源电路,硬件设计电路如图 2-9 所示。

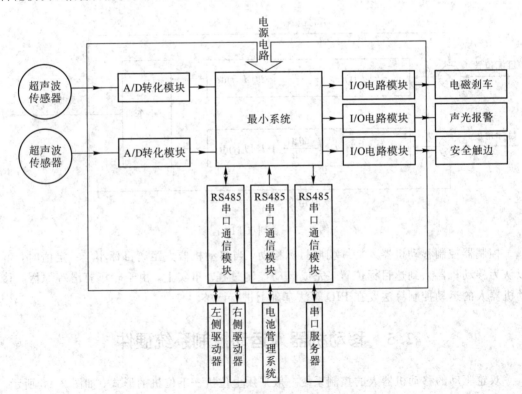

图 2-9 硬件设计电路框图

（1）最小系统模块：保证运动控制芯片（如 TMS320F2812）正常工作，同时提供芯片所需的时钟和复位电路以及程序下载电路。

（2）串口通信模块：将主控芯片的 TTL 电平转化为 RS232 电平和 RS485 电平，其中RS232 电平用于与串口服务器进行异步串行通信方式进行通信，RS485 电平用于与电动机驱动器和电池管理系统通信。

（3）A/D 转化模块：用于超声波传感器的信号调理，将超声波传感器电压信号调整到主控芯片 A/D 的采集范围内。

（4）报警功能模块电路：输出和输入符合要求的电压，根据输入电压的高低来判断安全触边是否被触发，通过输出电压的高低来控制电磁刹车，用于移动机器人紧急制动，通过输出高低电平来控制光报警器，用于移动机器人的声光报警。

（5）电源电路：将电池电压进行变换，为移动机器人其他元器件提供稳定直流的电压。

由于运动控制器芯片种类多，电机选择方式也多，移动机器人的运动控制系统具体构成不尽相同，本小节仅介绍了一种简单的运动控制系统。

2.6　移动机器人运动控制系统软件

一般情况下，按照移动机器人运动控制系统的功能可以将程序划分为 4 个模块：运动控制功能模块、报警功能模块、A/D 采集模块和串口通信模块。将这些分开的功能模块有机结合起来便组成了软件系统。

软件系统主要完成上位机命令的解析与处理、系统计算与直流伺服电动机的速度分配、传感器数据的接收与处理、向上位机反馈处理信息的任务。各模块并不是孤立的，每个模块之间有着密切的联系。运动控制系统软件功能如图 2-10 所示。

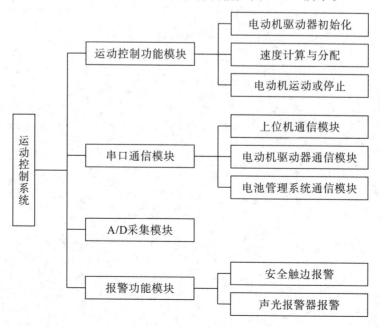

图 2-10　软件功能划分

（1）运动控制功能模块：首先对直流伺服电动机驱动器进行初始化配置，然后计算速度并将其分配给对应的驱动轮，最后将速度发送给直流伺服电动机驱动器，控制电动机转动或停止，从而控制移动机器人的运动状态。

（2）串口通信模块：按照相关的通信协议，完成与上位机、直流伺服电动机驱动器和电池管理系统的通信。

（3）A/D采集模块：采集超声波等模拟信号传感器的信号并做数据分析。

（4）报警功能模块：获取安全触边传感器的状态信息，判断机器人是否发生碰撞；根据对各传感器的数据处理结果，控制声光报警器是否报警。

习　　题

2.1　移动机器人常用的驱动方式有哪些？

2.2　简述双轮差速驱动的移动机器人运动学模型。

2.3　移动机器人常用控制器有哪些？如何实现运动控制？

2.4　查找文献，总结移动机器人先进控制算法有哪些？

2.5　应用 Matlab 工具，实现双轮差速驱动移动机器人的点到点运动控制。

第 3 章　移动机器人传感器

移动机器人要在一定程度上能够根据周围环境的变化做出反应，必须依靠传感器获得环境信息。移动机器人传感器按其用途可分为内部传感器和外部传感器两大类。内部传感器检测自身状态，外部传感器检测工作对象及工作环境。本章介绍移动机器人常用的内外传感器以及移动机器人视觉原理。

本章重点

· 光电编码器；

· 移动机器人视觉原理。

3.1　移动机器人内部传感器

移动机器人内部传感器主要测量移动机器人自身位置、移动速度、移动加速度等直线位移相关量和偏转、俯仰和回转等转动角度和转动速度、转动加速度等转动相关量。

3.1.1　位置传感器

设定位置或者角度的零位和极限位置对保护移动机器人的运动关节的动作安全起着重要作用。

电位器是最简单的位置传感器，如图 3-1 所示。电位器通过电阻把位置或角度（角度和位置的原理一样，只是把电阻做成弧形）信息转换为随位置或角度变化的电压，当滑动触头随位置变化在电阻器上滑动时，触头接触点变化前后的电阻阻值与总阻值之比就会发生变化，在功能上电位器充当了分压器的作用，因此其电压输出与电阻阻值成比例，这样就把位置信息转换为电信号。在应用中为了得到连续信号，电位器上的绕线要精密或者喷镀薄膜。

图 3-1　电位器

3.1.2　位移和角度测量传感器

旋转运动的角度和直线运动的位移经常会作为移动机器人的位姿信息，从测量方法上可分为两种。一种是模拟式测量，将要测的位移量转换成电流、电压等进行测量，常用器件为电位器等。另一种是数字式测量，将位移量转换成脉冲，每个脉冲与单位位移相对应，检测元件输出脉冲数来进行测量。在移动机器人中，用编码器测量移动机器人的位移或者转动的角度。

编码器是一种被广泛使用的位置传感器，能够检测细微的运动，其输出为数字信号。为了测量位置信息，检测细微的运动，码盘或码尺被划分为若干区域。每个区域可以是透光的或不透光的，也可以是反光的或不反光的。由发光二极管作为光源，与之相对应地对光信号进行检测的是光敏传感器，如光电晶体管。当码盘或码尺采用透光方式进行检测时，光源和光敏传感器被安装在码盘或码尺的两侧，如图 3-2(a)所示；当码盘或码尺采用反光方式进行检测时，光源和光敏传感器被安装在码盘或码尺的同侧，如图 3-2(b)所示，当光源发射的光线通过码盘或码尺的透光或反射被光敏传感器接收到时，传感器导通，输出高电平；当光源发射的光线由于码盘或码尺的遮挡或散射等原因使光敏传感器接收不到光信号时，传感器关断，输出信号低电平。随着码盘的转动或码尺的移动，传感器就会连续不断的输出信号，通过对该信号进行计数就可以测量角位移或线位移。

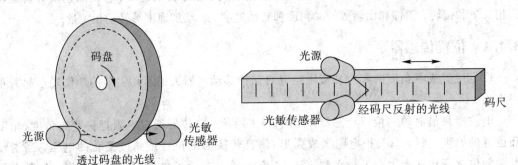

(a) 投射式测量转角的旋转增量编码器　　　　(b) 反射式测量直线运动的直线增量编码器

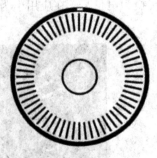

(c) 装配有增量式编码器的电机　　　　　　　　(d) 增量码盘

图 3-2　编码器的工作原理与结构

编码器有增量式编码器与绝对式编码器两种基本形式。图 3-2(c)所示的增量式编码器中，其透光和不透光(反光或不反光)的区域尺寸相同且交替出现。由于这些区域尺寸相同，均匀分布在码盘或码尺上，因此每个区域所表示的旋转角度或直线位移也都是相同的。以码盘为例，如果将其均匀地划分为两部分，则每部分为 $180°$，码盘的分辨率为 $180°$。对于 $180°$ 以内的角度信息，码盘系统无法给出。如果增加码盘的划分区域，其精度也将随之提高。如果将码盘均匀划分为 N 个区域，则其对角度的分辨率将为 $360°/N$。典型的增量码盘系统多划分为 100、128、200、256、500、512、1000、1024、2000 和 2048 个区域，其角度分辨率也从 $3.6°$ 提高到 $0.175°$。

从图 3-2(c)中可知，增量式编码器可以检测运动的变化，而对于位置信息，只有在获知编码器初始位置的情况下才可以确切给出。使用增量式编码器进行位置检测的系统一般在开始工作时都要进行复位，在已知复位位置的前提下就可以确定系统任意时刻的角位移。除了获取精确位置信息外，还需要知道系统是顺时针运动还是逆时针运动的。单一码道(弧圈)的增量式编码器无法对此进行判断，一般通过在码盘上设计两个码道(弧圈)的方式来判断，保证每个码道的输出脉冲间相差 1/2 拍，通过判断哪个通道输出的上升沿或下降沿先于另一通道出现来确定转动方向。

对于增量式编码器，通过对码道输出的上升沿和下降沿进行检测可以在不增加码道的情况下提高分辨率。如图 3-3 所示，码道 A 与码道 B 输出相差 1/2 拍。对比码道 A 输出的上升沿和下降沿同时检测时的系统分辨率与单独对其上升沿和下降沿进行检测时的系统分辨率，增量式码盘的分辨率可提高 4 倍。

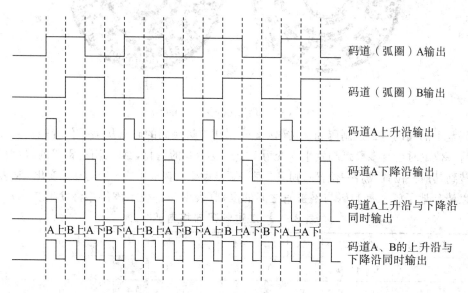

图 3-3　增量式编码器的输出信号

相对于增量式编码器，绝对式编码器上每个位置对应于一个唯一的编码信息，无需已知初始位置就可以确定任意时刻码盘上的精确位置。绝对式编码器的工作原理如图 3-4 所示。

绝对式编码器的码盘设计与增量式编码器有很大不同，其码盘是由多圈弧段组成，每圈互不相同，沿径向方向各弧段的透光和不透光部分(反光和未反光部分)组成唯一编码指示精确位置。图 3-5 所示的采用格雷码的码盘，其上有 8 圈弧段，共 $2^8 = 256$ 种编码用于指示位置，其分辨率为 $360°/256$。若增加多圈弧段，则绝对式编码器的分辨率可以进一步提高。

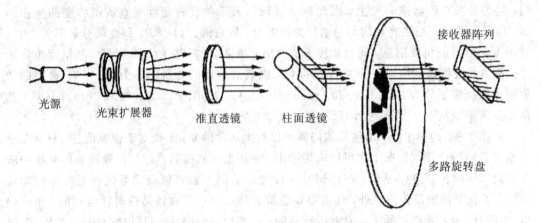

图 3-4　绝对式编码器工作原理

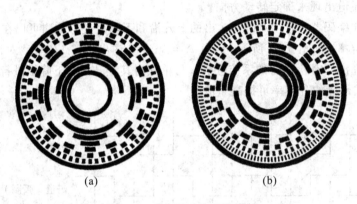

(a)   (b)

图 3-5　8 位绝对格雷码码盘

　　码盘上的编码有二进制码和格雷码两种。采用二进制码的码盘从某一位置转到其前一位置或后一位置时会有多段弧圈发生 0 变为 1 或 1 变为 0 的变化，而采用格雷码的码盘从某一位置转到其前一位置或后一位置时则只有某一弧圈发生 0 变成 1 或 1 变为 0 的变化。从表 3-1 中可以清楚地了解二进制码与格雷码之间的区别（表中"→"表示该位移将发生变化）。

表 3-1　二进制码与格雷码

编码	弧圈编号	0	1	2	3	4	5	6	7	8	9	10	11
二进制码	1	0	0	0	0	0	0	0	0→	1	1	1	1
	2	0	0	0	0→	1	1	1	1→	0	0	0	0
	3	0	0→	1	1→	0	0→	1	1→	0	0→	1	1
	4	0→	1→	0→	1→	0→	1→	0→	1→	0→	1→	0→	1
格雷码	1	0	0	0	0	0	0	0	0→	1	1	1	1
	2	0	0	0	0→	1	1	1	1	1	1	1	1
	3	0	0→	1	1	1→	0	0	0	0→	1	1	
	4	0→	1	1→	0	0→	1	1→	0	0→	1	1→	0

移动机器人既能前进，又能后退，需要区分电机轴是顺时针还是逆时针旋转，因而，大多数编码器都以一定相位差安装两个传感器，可以根据脉冲的先后顺序确定电机旋转方向。

3.1.3　加速度传感器

移动机器人本体的运动加速度和重力加速度对控制其姿态有重要作用。加速度计有两种：一种是角速度加速度计，是由陀螺仪（角速度传感器）改进的，另一种是线速度加速度计。

加速度传感器的原理根据其应用分为不同类型，有压电式加速度传感器、电容式加速度传感器、压阻式加速度传感器、光波导加速度计、谐振式加速度计、伺服式加速度传感器等。

1. 压电式加速度传感器

压电式器件是最早微型化和商业化的一类加速度传感器，压电式加速度传感器外形如图 3-6 所示，其具有体积小、功耗低等特点，易于集成在各种模拟和数字电路中。压电式加速度传感器的敏感元件由弹性梁、质量块、固定框组成。压电式加速度传感器实质上是一个力传感器，它是利用被测固定质量块在受到加速度作用时产生的力 F 来测得加速度 a 的。在目前的研究尺度内，可以认为其基本原理仍遵从牛顿第二定律。即当有加速度 a 作用于传感器时，传感器的惯性质量块便会产生一个惯性力 F 作用于传感器的弹性梁上，从而产生一个正比于 F 的应变，此时弹性梁上的压敏电阻也会随之产生一个变化量 ΔR，由压敏电阻组成的惠斯通电桥输出一个与 ΔR 成正比的电压信号 V。

图 3-6　压电式加速度传感器外形

2. 压阻式加速度传感器

压阻式加速度传感器的悬臂梁上有压敏电阻，当惯性质量块发生位移时，会引起悬臂梁的伸长或压缩，改变梁上的应力分布，进而影响压敏电阻的阻值，压阻式电阻多位于应力变化最明显的位置。这样，通过两个或四个压敏电阻形成的电桥就可以实现加速度的测量。图 3-7(a)为压阻式加速度传感器基本结构，图 3-7(b)为测量原理。

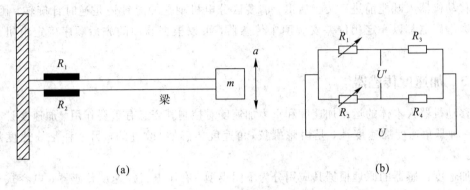

图 3-7 压阻式加速度敏感元件

3. 光波导加速度计

光波导加速度计的原理如图 3-8 所示：光源从波导 1 进入，经分束后分成两部分分别通入波导 4 和波导 2，进入波导 4 的光束直接被探测器 2 探测，而进入波导 2 的光束会经过一段微小的间隙后进入波导 3，最终被探测器 1 探测到。有加速度时，质量块会使得波导 2 弯曲，进而导致其与波导 3 的正对面积减少，使探测器 1 探测到光减弱，通过比较两个探测器检测到的信号即可求得加速度。

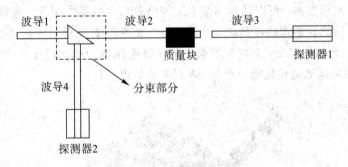

图 3-8 光波导加速度计原理

4. 谐振式加速度计

一根琴弦绷紧程度不同时弹奏出的声音频率也不同，谐振式加速度计（Silicon Oscillating Accelerometer，SOA）的原理与此相同。SOA 常见的结构有 S 结构和双端固定音叉（Double-ended Tuning Fork，DETF）两种。S 结构原理图如图 3-9 所示。若对振梁施加确定的激振，检测器响应就可测出其固有频率，进而测出加速度。激振的施加和响应的检测通常都是通过梳

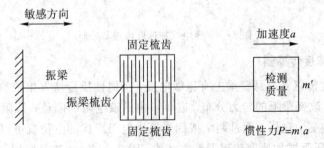

图 3-9 S结构谐振式加速度计原理

齿机构实现的。SOA 的特点在于，它是通过改变二阶系统本身的特性来反映加速度的变化的，这区别于电容式、压电式和光波导式的加速度计。DEFT 式就是在检测质量块的另一半加上和左边对称的一套机构的结构。

3.1.4　姿态角测量传感器

移动机器人在崎岖地面移动或者越障，自身姿态的检测很重要。如果不能保持静态平衡，车体就会倾覆，需要应用姿态传感器检测重力方向或姿态角的变化，陀螺仪是最常见的一种角度测量仪。

陀螺仪是一种用高速回转体的动量矩敏感壳体相对惯性空间绕正交于自转轴的角运动检测装置，利用其他原理制成的角运动检测装置起同样功能的也称陀螺仪，基本功能是测量敏感角位移和角速度。图 3-10 所示为常见的三轴陀螺仪。

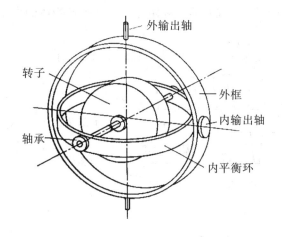

图 3-10　陀螺仪

三轴陀螺仪分别感应 Roll（左右倾斜）、Pitch（前后倾斜）、Yaw（左右摇摆）的全方位动态信息。它是构成移动机器人惯性导航系统的核心敏感器件，其测量精度直接影响移动机器人姿态解算的准确性。

移动机器人惯性导航系统也是一种"航迹推算"系统，利用前一时刻已知的信息和当前时刻的测量信息，推算当前时刻的导航参数（位置、速度和姿态信息）。由于外部干扰和制造误差的存在，每一步的推算都是有误差的，随着时间的推移，惯性导航系统的误差是累计的。所以，惯性导航系统只能维持短时间的高精度，这是惯性导航系统的最大"软肋"。但惯性导航系统能够全程提供载体的姿态信息（偏航角、俯仰角、横滚角），其他导航系统则很难做到，这又是惯性导航系统的"长项"。因此，在远距离、长时间的导航任务中，通常采用"组合导航"的体制，如加速度计组合与陀螺仪组合或者姿态角传感器与力矩电机的组合。

3.2　移动机器人外部传感器

移动机器人依靠外部传感器感知环境，一般包括触觉、接近觉、视觉、声觉等传感器。

3.2.1 感觉传感器

1. 触觉感知传感器

触觉传感器有开关型和阵列型两种，开关型感觉物体的存在性，阵列型不仅可以感觉物体的存在和形状，还可以感觉物体的软硬程度。

开关型是用于检测物体是否存在的一种简单的触觉传感器，可以通过切断/导通（即导体是否有电流）来判断是否接触。

图 3-11 所示的触觉传感器是由几个接触传感器组成的阵列，接触传感器由触杆、发光二极管和光传感器组成。当触觉传感器接近物体时，触杆将随之缩进，遮挡了发光二极管向光传感器发射的部分光线，于是光传感器输出与触感位移或压力成正比的信号。

当触觉传感器与物体接触时，依据物体的形状和尺寸，不同的接触传感器将以不同的次序对接触做出不同的反应，控制器就利用此信息来确定物体的大小和形状。

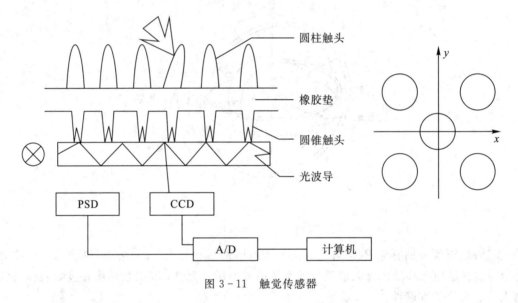

图 3-11　触觉传感器

2. 接近觉感知传感器

接近觉传感器用来感觉是否有目标物体接近以及接近的距离。它的种类比较多，有感应式传感器、电容式传感器、光学传感器、超声波传感器等。感应式传感器要求检测的物体是金属。电容式传感器可以检测任何固体和液体，测量范围为毫米级。这两种传感器广泛应用在工业机器人上以判断是否有物体接近。光学传感器这里主要指红外传感器和超声波传感器，广泛应用在移动机器人上。感觉是否有目标物体接近一般用红外传感器；测近距一般用超声波传感器，而且也可以在水下测量距离、方向和速度；测远距一般用激光测距仪。测距一般是为了机器人避障、建立环境地图和定位。

红外传感器（图 3-12）是根据波从发射到接收的传播过程中所受到的影响来检测物体的接近程度。这类传感器包括一个可以发射红外光的固态发光二极管和一个用作接收器的固态光敏二极管（或光敏三极管）。当光强超过一定程度时光敏三极管就会导通，否则截止。把发光二极管和光敏三极管汇聚在同一面上，反射光才能被接收器看到。

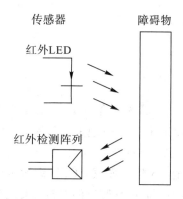

图 3 - 12　红外传感器

红外传感器中一般采用反射光强法进行测量，即目标物对发光二极管散射光的反射光强度进行测量。光的反射系数与目标物表面颜色、粗糙度等有关。目标颜色较深、接近黑色或透明时，其反射光很弱。若以输出信号达到其一阈值作为"接近"时，则对不同目标物"接近"的距离是不同的。反射光强法接近觉对大多数目标物是能找到"接近"感觉的，即能很容易地检测出工作空间内某物体是否存在，但是作为距离的测量并不精确。

3.2.2　测距传感器

移动机器人通常安装多个超声波传感器用于导航和避障。超声波传感器发射超声波脉冲信号，测量回波的返回时间便可得知达到物体表面的距离。如果安装多个接收器，根据相位差还可以得到物体表面的倾斜状态信息。但是，超声波在空气中衰减得很快（在 1 MHz 的条件下衰减速度为 12 dB/cm），因此其频率无法太高，通常使用 20 kHz 以下的频率，所以要提高分辨率比较困难。

超声波传感器可测量方向、距离、速度，测量范围广。移动机器人主要使用超声波传感器且采用主动测距方式测距。主动测距方法有渡越时间法（Time Of Fight，TOF）、脉冲回波法、频率调制连续脉冲法（FM - CW）等。超声波传感器如图 3 - 13 所示。

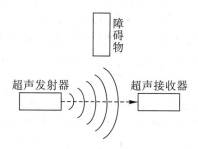

图 3 - 13　超声波传感器

TOF 方法检测超声波往返距离的时间。所用的时间与超声波通过的距离成正比，记录超声波发射极发出脉冲时间和超声波接收器接收到第一个返回脉冲时间，可得到时间值 T，由时间 T 计算出距离，TOF 测量方法对噪声敏感。

脉冲回波法是渡越时间法的改进，先将超声波用脉冲调制后发射，根据被测物体反射回来的回波延迟时间 T，计算出被测物体的距离 $L = \dfrac{CT}{2} = \dfrac{(331.43 + 0.607t)T}{2}$，其中 C

为声波在介质中的传播速度，t 为摄氏温度。

3.2.3 视觉传感器

1. CCD 图像传感器

CCD(Charge Coupled Device，感光耦合组件)是摄像系统中可以记录光线变化的半导体，通常以百万像素为单位。CCD 相机的原理是其芯片上面整齐地排列着很多小的感光单元，光线中的光子撞击每个单元后，在这些单元中会产生电子(光电效应)，光子的数目与电子的数目互成比例。经过长达 35 年的发展，CCD 大致的形状和运作方式都已经定型。如图 3-14 所示，CCD 主要由一个类似马赛克的网格、聚光镜片以及垫于最底下的电子线路矩阵组成。

图 3-14　CCD 结构

分解 CCD 结构可以发现，为了帮助 CCD 能够组合成彩色影像，网格被发展成具有规则排列的色彩矩阵，这些网格由红 R、绿 G 和蓝 B 滤镜片所组成(三原色 CCD)，亦有补色 CCD(为 CMYGY 黄色)。每一个 CCD 组件由上百万个 MOS 电容所构成。当数字相机的快门开启，来自影像的光线穿过这些马赛克色块会让感光点的二氧化硅材料释放出电子(负电)与电洞(正电)。经由外部加入电压，这些电子和电洞会被转移到不同极性的另一个硅层暂存起来。电子数的多寡和曝光过程光点所接收的光量成正比。在一个影像最明亮的部位，可能有超过 10 万个电子被积存起来。

曝光之后所有产生的电荷都会被转移到邻近的移位缓存器中，并且逐次逐行的转换成信号流从矩阵中读取出来。这些强弱不一的电荷信号，会先被送入一个电子电压转换器(Electron to voltage converter)之中，将电荷转换成电压；下一步再将电压送入放大器中进一步放大，然后才是 A/D 模拟数字信号转换器(Analog to Digital Converter，ADC)。ADC 转换器将信号的连续范围配合色块马赛克的分布，转换成一个 2D 的平面表示列，它让每个画素都有一个色调值，应用这个方法，再由点组成网格，每一个点(画素)现在都有用以表示它所接受的光量的二进制数据，可以显示强弱大小，最终再整合影像输出。

2. CMOS 图像传感器

CMOS 图像传感器(Complementary Metal - Oxide Semiconductor，互补性氧化金属半

导体)是一种典型的固体成像传感器,与 CCD 有着共同的历史渊源。CMOS 图像传感器通常由像元阵列、行选择译码器、列选择译码器、模拟信号处理器、列并行 A/D 转换器、存储器、读译码器,以及定时与控制电路等部分组成,如图 3-15 所示,其工作过程一般可分为复位、光电转换、积分、输出等。

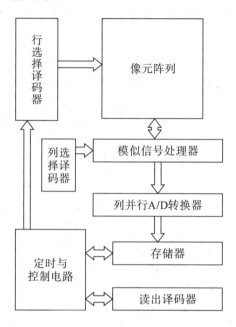

图 3-15　CMOS 图像传感器结构框图

光照射像元阵列,发生光电效应,在像元内产生相应的电荷。行选择逻辑单元根据需要选通相应的行像元。行像元内的图像信号通过各自所在列的信号总线输出到对应的模拟信号处理单元以及 A/D 转换器,转换成数字图像信号输出。其中的行选择逻辑单元可以对像元阵列逐行扫描也可以隔行扫描,行选择逻辑单元与列选择逻辑单元配合使用可以实现图像的窗口提取功能。模拟信号处理单元的主要功能是对信号进行放大处理,并且提高信噪比。

由于杂质、受热等其他因素的影响,即使没有光照射到像素单元,像素单元也会产生电荷,这些电荷产生了暗电流。暗电流与光照产生的电荷很难进行区分。暗电流在像元阵列各处也不完全相同,它会导致图形噪声。另外,光输入信号过强的话,像素单元将饱和而不能进行光电转换,图像会模糊。

3.3　移动机器人视觉原理

视觉对于移动机器人,就像眼睛对人一样重要,根据视觉系统所使用的摄像机数目不同,视觉系统分为单目视觉系统、双目视觉系统和多目视觉系统。在移动机器人领域,视觉主要用于环境中目标位姿测量,典型应用包括移动机器人视觉定位、目标跟踪、视觉避障等。摄像机成像模型、双目视觉模型以及视觉标定等内容是移动机器人视觉的基础知识。

3.3.1　摄像机成像模型

摄像机通过成像透镜将三维场景映射到摄像机二维平面上，这个投影可以用成像变换描述，该变换关系即摄像机成像模型。摄像机成像模型有不同的描述方式，本节首先介绍摄像机模型中的参考坐标系，摄像机的针孔模型、内外参数模型在参考坐标系的基础上分析摄像机非线性模型。

1. 参考坐标系

描述摄像机的成像过程，需要四个坐标系作为参考坐标系，如图 3-16 所示。

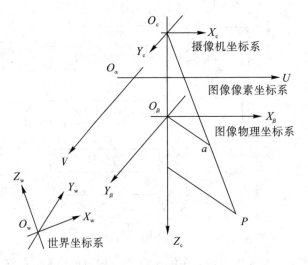

图 3-16　四种坐标系

(1) 世界坐标系。将世界坐标系表示成 $O_w - X_w Y_w Z_w$，此坐标系可以描述空间中各个目标的位置。世界坐标系的原点和各个坐标轴可以由人为自行定义，通常将机器人的基坐标系作为世界坐标系。

(2) 摄像机坐标系。摄像机坐标系 $O_c - X_c Y_c Z_c$ 是以摄像机光心为原点设立的三维直角坐标系，Z_c 轴即摄像机光轴，正方向为摄像机指向景象的方向，垂直于成像面。$O_c O_\beta$ 为摄像机的焦距 f。

(3) 图像物理坐标系。目标物体经由摄像机采集图像，将像点投影到成像平面上，称光轴与成像平面的垂直交点为图像主点 O_β，以主点为原点建立图像物理坐标系 $O_\beta - X_\beta Y_\beta$，其横轴 X_β 和纵轴 Y_β 分别平行于摄像机坐标系横轴 X_c 和纵轴 Y_c，则物理坐标 (x, y) 代表空间中一点在成像平面上的投影点坐标。

(4) 图像像素坐标系。用摄像机采集图像，成像平面上的图像信息是模拟的，经过图像采集卡的处理转变为数字信号，此信号由二维图像序列组成。在计算机中数字图像的表达形式是 $M \times N$ 二维数组，数组里的元素代表图像像素点，元素值即为像素值，代表图像亮度。在图像上建立图像像素坐标系 $O_\alpha - UV$，如图 3-16 所示，此坐标系原点 O_α 为图像左上角点，横轴 U 的正方向水平向右，纵轴 V 垂直于 U 向下，此坐标系的单位是像素，像素坐标 (U, V) 代表了该像素在二维图像数组位于第 U 列、第 V 行。假定主点 O_β 的像素坐标是 (u_0, v_0)，X_β 轴和 Y_β 轴相对于 U 轴和 V 轴的尺度因子依次为 $\mathrm{d}x$ 和 $\mathrm{d}y$，那么像素坐标系和图像物理坐标系的关系可以用式(3 - 1)表示：

$$\begin{cases} u = x/\mathrm{d}x + u_0 \\ v = y/\mathrm{d}y + v_0 \end{cases} \tag{3 - 1}$$

式中，(u, v) 表示物点像素坐标系坐标，(x, y) 表示物点物理坐标系坐标。

用齐次坐标与矩阵来表示式(3 - 1)则为

$$\begin{bmatrix} u \\ v \\ 1 \end{bmatrix} = \begin{bmatrix} 1/\mathrm{d}x & 0 & u_0 \\ 0 & 1/\mathrm{d}y & v_0 \\ 0 & 0 & 1 \end{bmatrix} \begin{bmatrix} x \\ y \\ 1 \end{bmatrix} \tag{3 - 2}$$

2. 摄像机针孔模型

图 3 - 17 所示的针孔模型是摄像机成像模型中最简单也最便于理解的模型，光线照射到物体上发生反射，经由摄像机中心（针孔）投影到成像平面上，感光元件将采集到的光信号转变为电信号，最终形成数字图像。变换图形方向即可使其与景物方向一致。

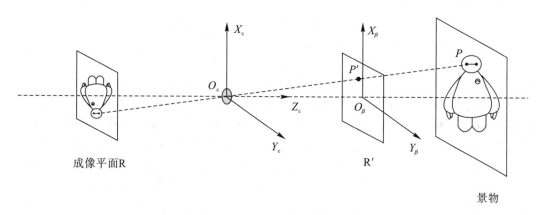

图 3 - 17　针孔模型

点 P 在摄像机坐标系下的坐标为 (x_c, y_c, z_c)，点 P' 在图像物理坐标系下的坐标为 (x, y)，直线 $O_c O_\beta$ 的模为摄像机焦距 f，由三角形相似原理可知

$$\begin{cases} \dfrac{x_c}{z_c} = \dfrac{x}{f} \\ \dfrac{y_c}{z_c} = \dfrac{y}{f} \end{cases} \tag{3 - 3}$$

3. 摄像机内参模型

回顾物体成像的过程可以得出，从空间中一物点到对应的图像中一像点实际上经历了两个过程。在摄像机内部，物点在摄像机坐标系 $O_c - X_c Y_c Z_c$ 下的坐标映射到图像像素坐标系 $O_a - UV$，在摄像机外部，物点在世界坐标系 $O_w - X_w Y_w Z_w$ 下的坐标映射到摄像机坐标系 $O_c - X_c Y_c Z_c$。为了分析这两个步骤，在摄像机内部建立内参模型，在摄像机外部建立外参模型。

实际上，物点由三维空间映射到成像平面的像点是失真的，成像平面上的像点对应的是起点为光心且经过该像点的射线。将式(3 - 3)代入式(3 - 1)，得到摄像机坐标系和像素坐标系之间的关系：

$$
\begin{cases}
u = \dfrac{1}{\mathrm{d}x} f \dfrac{x_{\mathrm{c}}}{z_{\mathrm{c}}} + u_0 \\[2mm]
v = \dfrac{1}{\mathrm{d}y} f \dfrac{y_{\mathrm{c}}}{z_{\mathrm{c}}} + v_0
\end{cases}
\tag{3-4}
$$

令 $k_x = \dfrac{1}{\mathrm{d}x} f$，用齐次坐标和矩阵来表示：

$$
z_{\mathrm{c}}
\begin{bmatrix} u \\ v \\ 1 \end{bmatrix}
=
\begin{bmatrix}
k_x & 0 & u_0 \\
0 & k_y & v_0 \\
0 & 0 & 1
\end{bmatrix}
\begin{bmatrix} x_{\mathrm{c}} \\ y_{\mathrm{c}} \\ z_{\mathrm{c}} \end{bmatrix}
= \boldsymbol{A}
\begin{bmatrix} x_{\mathrm{c}} \\ y_{\mathrm{c}} \\ z_{\mathrm{c}} \end{bmatrix}
\tag{3-5}
$$

其中 3×3 矩阵 $\boldsymbol{A}$ 为 4 参数摄像机内参矩阵。

4. 摄像机外参模型

摄像机外参模型描述的是摄像机坐标系和世界坐标系的映射关系，用齐次坐标和矩阵可表示为

$$
\begin{bmatrix} x_{\mathrm{c}} \\ y_{\mathrm{c}} \\ z_{\mathrm{c}} \\ 1 \end{bmatrix}
=
\begin{bmatrix}
n_x & o_x & a_x & p_x \\
n_y & o_y & a_y & p_y \\
n_z & o_z & a_z & p_z \\
0 & 0 & 0 & 1
\end{bmatrix}
\begin{bmatrix} x_{\mathrm{w}} \\ y_{\mathrm{w}} \\ z_{\mathrm{w}} \\ 1 \end{bmatrix}
=
\begin{bmatrix} \boldsymbol{R} & \boldsymbol{T} \\ 0 & 1 \end{bmatrix}
\begin{bmatrix} x_{\mathrm{w}} \\ y_{\mathrm{w}} \\ z_{\mathrm{w}} \\ 1 \end{bmatrix}
= {}^{c}\boldsymbol{M}_{\mathrm{w}}
\begin{bmatrix} x_{\mathrm{w}} \\ y_{\mathrm{w}} \\ z_{\mathrm{w}} \\ 1 \end{bmatrix}
\tag{3-6}
$$

式中，$(x_{\mathrm{c}}, y_{\mathrm{c}}, z_{\mathrm{c}})$ 表示景物点在摄像机坐标系中坐标；$(x_{\mathrm{w}}, y_{\mathrm{w}}, z_{\mathrm{w}})$ 表示景物点在世界坐标系下的坐标；${}^{c}\boldsymbol{M}_{\mathrm{w}}$ 为摄像机外参矩阵；$\boldsymbol{n} = (n_x, n_y, n_z)$ 为 X_{w} 轴在摄像机坐标系中的方向向量，同理 $\boldsymbol{o} = (o_x, o_y, o_z)$ 和 $\boldsymbol{a} = (a_x, a_y, a_z)$ 分别为 Y_{w} 轴和 Z_{w} 轴在摄像机坐标系下的方向向量，所以 $|\boldsymbol{n}| = |\boldsymbol{o}| = |\boldsymbol{a}| = 1$；由于世界坐标系的 X_{w} 轴和 Y_{w} 轴互相垂直，所以 $\begin{bmatrix} n_x & n_y & n_z \end{bmatrix} \begin{bmatrix} o_x & o_y & o_z \end{bmatrix} = 0$；由于摄像机坐标系的 X_{c} 轴和 Y_{c} 轴互相垂直，所以 $\begin{bmatrix} n_x & o_x & a_x \end{bmatrix} \begin{bmatrix} n_y & o_y & a_y \end{bmatrix} = 0$；由此可知 3×3 矩阵 $\boldsymbol{R}$ 为单位正交矩阵；$\boldsymbol{p} = (p_x, p_y, p_z)$ 为从摄像机坐标系原点到世界坐标系原点的平移向量。

3.3.2 双目视觉原理模型

在只使用一个摄像机的情况下，只能获取目标点投影在摄像机成像平面上的一点，即可以将目标点定位在以光心为起点、过其投影点的射线上，而无法确定其深度信息。以人的视觉系统为模版，双目视觉技术将两个摄像机从不同角度拍摄的图像进行匹配，从而得出目标点深度信息，完成目标定位。按两个摄像机摆放位姿的不同，可以将双目视觉模型分为平行双目视觉模型和一般双目视觉模型。

1. 平行双目视觉模型

采用针孔摄像机模型描述平行双目视觉模型（图 3-18）和一般双目视觉模型（图 3-19）。

在平行双目视觉模型中，2 个摄像机的光轴平行，X 轴在一条直线上且所指方向一致。左摄像机坐标系的原点为 O_{cl}，X 轴为 X_{cl}；右摄像机坐标系的原点为 O_{cr}，X 轴为 X_{cr}；将左右摄像机光心连线 $O_{\mathrm{cl}}O_{\mathrm{cr}}$ 称为基线，其长度为 b；物点 p 在左右摄像机坐标系下的坐标分别为 $(x_{\mathrm{cl}}, y_{\mathrm{cl}}, z_{\mathrm{cl}})$ 和 $(x_{\mathrm{cr}}, y_{\mathrm{cr}}, z_{\mathrm{cr}})$；物点 p 在左右摄像机内部的图像像素坐标系下的坐标为 $(u_{\mathrm{l}}, v_{\mathrm{l}})$ 和 $(u_{\mathrm{r}}, v_{\mathrm{r}})$。

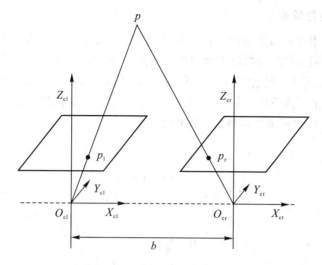

图 3 - 18　平行双目视觉模型

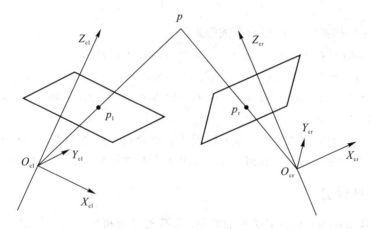

图 3 - 19　一般双目视觉模型

设左右摄像机的焦距为 f，可以看出两个摄像机的内参模型是相同的，外参模型中的旋转矩阵 $\boldsymbol{R}$ 是一个单位矩阵，将矩阵平移 $\boldsymbol{P}=(b,0,0)$，根据三角形相似原理可知：

$$
\begin{cases}
u_l - u_0 = \dfrac{1}{\mathrm{d}x} f \dfrac{x_{cl}}{z_{cl}} \\[2mm]
u_r - u_0 = \dfrac{1}{\mathrm{d}x} f \dfrac{(x_{cr}-b)}{z_{cr}} \\[2mm]
v_l - v_0 = v_r - v_0 = \dfrac{1}{\mathrm{d}y} f \dfrac{y_{cl}}{z_{cl}}
\end{cases}
\Rightarrow
\begin{cases}
u_l - u_0 = k_x \dfrac{x_{cl}}{z_{cl}} \\[2mm]
u_r - u_0 = k_x \dfrac{(x_{cr}-b)}{z_{cr}} \\[2mm]
v_l - v_0 = v_r - v_0 = k_y \dfrac{y_{cl}}{z_{cl}}
\end{cases}
\tag{3-7}
$$

因此，可以解出物点 p 在左摄像机坐标系下的坐标为

$$
\begin{cases}
x_{cl} = \dfrac{b(u_{cl}-u_0)}{u_{cl}-u_{cr}} \\[3mm]
y_{cl} = \dfrac{bk_x(v_{cl}-v_0)}{k_y(u_{cl}-u_{cr})} \\[3mm]
z_{cl} = \dfrac{bk_x}{u_{cl}-u_{cr}}
\end{cases}
\tag{3-8}
$$

2. 一般双目视觉模型

一般双目视觉模型对摄像机的摆放位置没有特定要求，只需在两个摄像机图像中都可以看到目标物体即可，在左摄像机中可以确定物点 p 在射线 $O_{cl}p_l$ 上，在右摄像机中可以确定物点 p 在射线 $O_{rl}p_r$ 上，则射线 $O_{cl}p_l$ 和射线 $O_{rl}p_r$ 的交点为 p 点。与平行双目视觉模型同理，设 p 点在世界坐标系下的坐标为 (x_w, y_w, z_w)，左右摄像机的投影矩阵为 $\boldsymbol{L}$ 和 $\boldsymbol{R'}$，可以得到 p 点世界坐标和图像像素坐标之间的关系：

$$z_{cl}\begin{bmatrix} u_l \\ v_l \\ 1 \end{bmatrix} = \begin{bmatrix} l_{11} & l_{12} & l_{13} & l_{14} \\ l_{21} & l_{22} & l_{23} & l_{24} \\ l_{31} & l_{32} & l_{33} & l_{33} \end{bmatrix} \begin{bmatrix} x_w \\ y_w \\ z_w \\ 1 \end{bmatrix} \qquad (3-9)$$

$$z_{cr}\begin{bmatrix} u_r \\ v_r \\ 1 \end{bmatrix} = \begin{bmatrix} r_{11} & r_{12} & r_{13} & r_{14} \\ r_{21} & r_{22} & r_{23} & r_{24} \\ r_{31} & r_{32} & r_{33} & r_{33} \end{bmatrix} \begin{bmatrix} x_w \\ y_w \\ z_w \\ 1 \end{bmatrix} \qquad (3-10)$$

联立式(3-9)和式(3-10)可得下述等式：

$$\begin{cases} (u_l l_{31} - l_{11})x_w + (u_l l_{32} - l_{12})y_w + (u_l l_{33} - l_{13})z_w = l_{14} - u_l l_{34} \\ (v_l l_{31} - l_{21})x_w + (v_l l_{32} - l_{22})y_w + (v_l l_{33} - l_{23})z_w = l_{24} - v_l l_{34} \\ (u_r l_{31} - r_{11})x_w + (u_r r_{32} - r_{12})y_w + (u_r r_{33} - r_{13})z_w = r_{14} - u_r l_{34} \\ (v_r l_{31} - r_{21})x_w + (v_r r_{32} - r_{22})y_w + (v_r r_{33} - r_{23})z_w = r_{24} - v_r l_{34} \end{cases} \qquad (3-11)$$

在知道左右相机内参和外参模型的情况下，投影矩阵的各个参数也能求得，此时式(3-11)为含有三个未知数的方程组，可以求出 p 点在世界坐标下的位置 (x_w, y_w, z_w)。

3.3.3　摄像机标定

由物体图像坐标到物体世界坐标的映射，需要通过对摄像机进行标定，获取摄像机内外参数方可实现。摄像机标定方法可分为三类，传统的摄像机标定方法、主动视觉摄像机标定方法和摄像机自标定方法。传统的摄像机标定方法可以用于任意的摄像机模型，精度很高，但不可以用在无法使用标定块的环境下。主动视觉摄像机标定方法对标定环境的要求高，不能使用于摄像机运动未知的场合，且精度较低；摄像机自标定方法不能非线性标定，鲁棒性不高。Faugeras 的标定方法作为传统的摄像机标定方法不但算法实现简单，而且可线性求解参数。

Faugeras 的标定方法选用 4 参数内参矩阵，将像点和物点的成像几何关系在齐次坐标下写成透视投影矩阵的形式：

$$z_c\begin{bmatrix} u \\ v \\ 1 \end{bmatrix} = \begin{bmatrix} \kappa & 0 & u_0 & 0 \\ 0 & \lambda & v_0 & 0 \\ 0 & 0 & 1 & 0 \end{bmatrix} \begin{bmatrix} \boldsymbol{R} & \boldsymbol{t} \\ 0 & 1 \end{bmatrix} = \boldsymbol{M}\begin{bmatrix} x_w \\ y_w \\ z_w \\ 1 \end{bmatrix} \qquad (3-12)$$

$\boldsymbol{M}$ 为 3×4 的透视投影矩阵，且

$$\boldsymbol{M} = \begin{bmatrix} m_{11} & m_{12} & m_{13} & m_{14} \\ m_{21} & m_{22} & m_{23} & m_{23} \\ m_{31} & m_{32} & m_{33} & m_{34} \end{bmatrix} \tag{3-13}$$

将式(3-13)展开，消去 z_c 可得

$$\begin{cases} m_{11}x_w + m_{12}y_w + m_{13}z_w + m_{14} - m_{31}ux_w - m_{32}uy_w - m_{33}uz_w = m_{34}u \\ m_{21}x_w + m_{22}y_w + m_{23}z_w + m_{14} - m_{31}vx_w - m_{32}vy_w - m_{33}vz_w = m_{34}v \end{cases} \tag{3-14}$$

m_{34} 为摄像机坐标系原点在机器人坐标系中的 z_c 坐标，所以 $m_{34} \neq 0$。将式(3-14)两端同除以 m_{34}，得

$$\begin{cases} m'_{11}x_w + m'_{12}y_w + m'_{13}z_w + m'_{14} - m'_{31}ux_w - m'_{32}uy_w - m'_{33}uz_w = u \\ m'_{21}x_w + m'_{22}y_w + m'_{23}z_w + m'_{14} - m'_{31}vx_w - m'_{32}vy_w - m'_{33}vz_w = v \end{cases} \tag{3-15}$$

可以看出，每个点可以得到两个方程，而未知数只有 11 个，所以，最少取 6 个点即可通过最小二乘法求出 $m' = m/m_{34}$，其中

$$\boldsymbol{m} = \begin{bmatrix} m_{11} & m_{12} & m_{13} & m_{14} & m_{21} & m_{22} & m_{23} & m_{24} & m_{31} & m_{32} & m_{33} \end{bmatrix} \tag{3-16}$$

将 $\boldsymbol{M}$ 改写成如下形式：

$$\boldsymbol{M} = \begin{bmatrix} \boldsymbol{m}_1^T & m_{14} \\ \boldsymbol{m}_2^T & m_{24} \\ \boldsymbol{m}_3^T & m_{34} \end{bmatrix} = \begin{bmatrix} \kappa & 0 & u_0 & 0 \\ 0 & \lambda & v_0 & 0 \\ 0 & 0 & 0 & 0 \end{bmatrix} \begin{bmatrix} \boldsymbol{r}_1^T & t_x \\ \boldsymbol{r}_2^T & t_y \\ \boldsymbol{r}_3^T & t_z \\ 0 & 1 \end{bmatrix} = \begin{bmatrix} \kappa r_1^T + u_0 r_3^T & \kappa t_x + u_0 t_z \\ \lambda r_2^T + v_0 r_3^T & \lambda t_y + v_0 t_z \\ r_3^T & t_z \end{bmatrix} \tag{3-17}$$

可知，$\| m_3^T \| = \| r_3^T \| = 1$，所以 $m_{34} = 1/\| m'_3 \|$。

$\boldsymbol{R}$ 是单位正交矩阵，利用此性质可以从 $\boldsymbol{M}$ 矩阵中分解出摄像机的内参数和外参数：

$$\begin{cases} \kappa = \| m_1 \times m_3 \| \\ \lambda = \| m_2 \times m_3 \| \\ u_0 = m_1^T m_3 \\ v_0 = m_2^T m_3 \end{cases}; \begin{cases} r_1 = (m_1 - u_0 m_3)/\kappa \\ r_2 = (m_2 - v_0 m_3)/\lambda \\ r_3 = m_3 \end{cases}; \begin{cases} t_x = (m_{14} - u_0 m_{34})/\kappa \\ t_y = (m_{24} - v_0 m_{34})/\lambda \\ t_z = m_{34} \end{cases} \tag{3-18}$$

获取同一幅图像上点的图像坐标，结合这些点的世界坐标，对摄像机的内外参数进行求解，可求得左右摄像机的内参数矩阵。

习　　题

3.1　移动机器人传感器主要分为哪两个类型？并分别简述每种类型的作用及其在机器人中的作用。

3.2　简述移动机器人对传感器的基本性能要求。

3.3　简述光电式测速传感器的工作过程。

3.4　简述陀螺仪的基本定义并简述陀螺仪的基本组成部件。

3.5　解释描述陀螺仪的进动及章动。

3.6　简述加速度计和陀螺仪的区别与联系。

3.7　查找资料，简述捷联式惯性导航和平台式惯性导航的区别。

3.8　解释接近觉传感器和触觉传感器各自的原理。

第 4 章　移动机器人定位

　　移动机器人定位是确定其在已知环境中所处位置的过程，定位是实现移动机器人自动导航能力的关键。依据移动机器人所采用传感器类型的不同，其定位方式也有所不同。目前应用较广泛的传感器有超声波传感器、激光器、摄像机、红外传感器、深度相机、GPS定位系统等，与此相对应的移动机器人定位技术可分成绝对定位、相对定位技术两大类。

　　移动机器人的定位技术均满足普通的定位原理，具体表现形式会因移动机构的不同而存在表达上的差别，本章中以最为基础的两轮差速驱动的移动机器人为例，介绍移动机器人的相对定位方法。

本章重点

- 移动机器人里程计定位；
- 三边定位法；
- 移动机器人单目视觉定位。

4.1　移动机器人相对定位

　　相对定位是指通过度量移动机器人相对起始位置的方向和距离来推断出移动机器人当前的位置信息。其基本原理是在移动机器人位姿初始值给定的前提下，基于内部传感器信息计算出每一时刻位姿相对于上一时刻位姿的距离以及方向角的变化，从而实现位姿的实时估计。相对定位常用的传感器包括光电编码器及惯性导航系统，因此，应用此类传感器进行相对定位的方法也通常称为航迹推算法和惯性导航法，相对定位也叫做位姿跟踪。

4.1.1　航迹推算法原理

　　应用航迹推算法定位的轮式移动机器人，通常在驱动轮上安装光电编码器来测量轮子的旋转角度，再结合移动机器人本身的结构和运动特性计算出移动机器人相对于初始点的方向和位置，从而确定位姿信息。航迹推算是个累加的过程，在移动机器人运动且航迹逐步累加的过程中，移动机器人位姿信息的测量值以及计算值均会有累积误差，定位精度会下降，因此，航迹推算法适用于短时间或者短距离的移动机器人位姿跟踪。下面以两轮差速驱动(也称为双轮差动)的移动机器人为例，说明航迹推算法的原理。

　　若双轮差动移动机器人在出发的初始时刻，移动机器人自身坐标与世界坐标重合，经过运动时间 t 后，移动机器人从原点运动到目标点 P。设此时移动机器人在世界坐标系中的位置为 $P(X_t, Y_t)$，移动机器人坐标系的 x 轴与世界坐标系 X 轴的夹角为 θ_t。设 l 为两轮间距，Δt 为编码器计时间隔时间，则在相同的一个采样周期 Δt 内，移动机器人转过的角度为

$$\Delta\theta = \frac{(V_L \cdot \Delta t - V_R \cdot \Delta t)}{l} \tag{4-1}$$

其中，V_L、V_R 为移动机器人的左、右轮速度。在一个采样周期 Δt 内，移动机器人行走的距离为

$$\Delta S = \frac{(V_L \cdot \Delta t + V_R \cdot \Delta t)}{2} \tag{4-2}$$

该两轮移动机器人的平均速度 $\overline{V}$ 表示为

$$\overline{V} = \frac{V_L + V_R}{2} \tag{4-3}$$

在 Δt 时间间隔内，移动机器人的位置变化表示为

$$\begin{cases} \Delta X = \overline{V}\cos(\theta_t + \Delta\theta) \cdot \Delta t \\ \Delta Y = \overline{V}\sin(\theta_t + \Delta\theta) \cdot \Delta t \end{cases} \tag{4-4}$$

在 t 时刻后的 $t + \Delta t$ 时刻，移动机器人位置信息可以表示为

$$\begin{cases} X_{t+\Delta t} = X_t + \Delta X \\ Y_{t+\Delta t} = Y_t + \Delta Y \\ \theta_{t+\Delta t} = \theta_t + \Delta\theta \end{cases} \tag{4-5}$$

对于长时间的运动，航迹推算法存在累积误差，此类误差来源于移动机器人安装的陀螺仪、加速度计和倾斜角传感器产生的漂移误差，此类误差可以通过建立误差模型进行补偿，也可以应用航迹推算法和其他的传感器配合相关的定位算法进行校正。例如可以利用陀螺仪和加速度计分别测量出旋转率和加速度，再进行积分，从而求出移动机器人走过的距离和航向的变化，进而分析出移动机器人的位置和姿态；也可以应用超声波传感器来探测路标(可以为室内墙壁或者天花板等)并计算位置，以纠正陀螺仪和编码器的定位误差。

4.1.2　移动机器人里程计定位

对于移动机器人来说，"当前行驶了多少路程"是一个有用的信息。假定移动机器人的初始位置已知，在一个行驶维度为一维的环境(例如单行线公路、单行线导轨)下，移动机器人可以根据轮子转动的圈数实时估计其本身在这个一维行驶环境中的位置。但是，绝大部分移动机器人都是在二维平面中运动，当道路崎岖不平时，移动机器人的运动环境则是三维的(加上高度)。本小节介绍双轮差动的移动机器人的里程计如何应用航迹推算法实现其在二维平面中的定位。

使用里程计进行移动机器人相对定位，要根据移动机器人结构和运动方式建立移动机器人里程计模型，即移动机器人运动学模型。在双轮差动移动机器人结构中，里程计的工作原理为根据安装在移动机器人左右两个驱动轮电机上的光电编码器来检测车轮在一定时间内转过的弧度，进而推算出移动机器人相对位姿的变化。

将光电编码器与驱动轮同轴安装，实现光电编码器与驱动轮同步旋转。根据码盘分辨率、驱动轮上驱动电机和减速器的变速比、驱动轮的直径等物理参数，将驱动脉冲数转换成驱动轮旋转的角度和位移，即可得到移动机器人相对于某一参考点的瞬时位置，由光电编码器及有关部件构成的装置就是里程计。

具体地，设码盘分辨率 C_m、驱动电机和减速器的变速比 n、驱动轮的直径 D，则每个脉冲对应的移动机器人车轮圆周上的距离为

$$C = \frac{\pi D}{nC_m} \qquad (4-6)$$

在一个单位时间内，若左右轮的脉冲数 N_l、N_r 已知，则可确定左右轮的速度分别为

$$V_L = CN_l \qquad (4-7)$$
$$V_R = CN_r \qquad (4-8)$$

将式(4-7)、式(4-8)代入式(4-1)和式(4-2)，即可根据一个采样周期 Δt 内的脉冲数计算出移动机器人转过的角度和行走的距离，即里程计的数值，从而获得移动机器人位姿。下面介绍如何应用里程计进行差动轮式移动机器人直线定位和旋转定位。

1. 差动轮式移动机器人直线定位

若差动轮式移动机器人左右驱动轮的运动方向、速度都相同，则机器人沿直线运动，如图 4-1 所示。

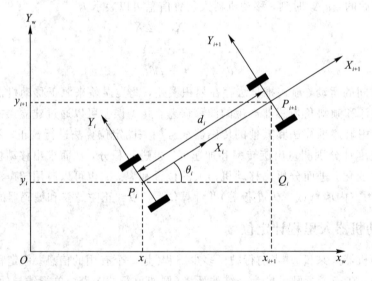

图 4-1　直线定位原理图

由图 4-1 可知，机器人在 P_{i+1} 点的位姿为

$$X_{i+1} = X_i + d_i\cos\theta_i \qquad (4-9)$$
$$Y_{i+1} = Y_i + d_i\sin\theta_i \qquad (4-10)$$
$$\theta_{i+1} = \theta_i \qquad (4-11)$$

式中，d_i 为光电码盘测得的机器人行驶路程，可用左右轮分别测得的行驶路程的算术平均值计算。

2. 差动轮式移动机器人旋转定位

若差动轮式移动机器人左右驱动轮的运动方向相反但速度相同，则移动机器人在原地旋转运动，原理图如图 4-2 所示。

由图 4-2 可知，两轮转动的角度为

$$\alpha = \beta = \frac{2d}{l} \qquad (4-12)$$

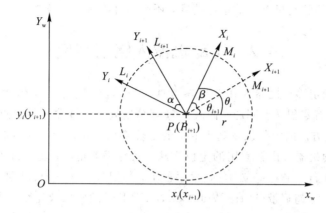

图 4 - 2　旋转运动定位原理图

其中，d 为车轮行驶里程。

机器人在 P_{i+1} 点的位姿方向角为

$$\theta_{i+1} = \theta_i - \alpha \tag{4-13}$$

差动轮式移动机器人的运动形式，取决于两个驱动轮的运动状态，如前文所述，若左右驱动轮的运动方向、速度都相同，则机器人沿直线运动；若差动轮式移动机器人左、右驱动轮的运动方向相反但速度相同，则移动机器人在原地旋转运动。那么，当双轮差动移动机器人在左右两轮方向相同、速度大小不变且速度差固定不变时的运动则为圆弧运动。其实，双轮差动移动机器人在一般情况下的运动都可以分解为一段一段的圆弧运动，而圆弧运动又可以利用直线运动以及双轮差动移动机器人的定位原理做出定位。

4.1.3　移动机器人惯性导航法定位

相对定位的方法中，除了航迹推算法以外，惯性导航法也是非常成熟的一种机器人定位方法。惯性导航法通常指采用陀螺仪和加速度计实现定位的方法。根据陀螺仪和加速度计分别测得移动机器人的回转速度和加速度，利用一次积分和二次积分求出角度和位置参量。陀螺仪通过对所测量的角度和速度进行积分，计算出相对于起始方向的偏转角度。

$$\delta = \int_{t}^{t_0} \omega(t)\mathrm{d}t \tag{4-14}$$

其中，δ 为 t 时刻相对起始方向的偏转角度；ω 为瞬时角速度；t_0 为起始时间。

里程计定位法和惯性导航法这两种方法中，里程计定位的方法因为简单、实用而被广泛使用，提高里程计的精度就可以提高和简化移动机器人定位中出现的精度问题，减少成本、提高效率。

基于光电编码器的里程计定位和基于陀螺仪和加速度计的惯性导航法定位方法中，都存在不可避免的误差。对于常见的轮式移动机器人来说，通常将误差源分为两大类，系统误差和非系统误差。其中系统误差包括车轮半径不相等、车轮半径均值与标称轮半径不等、车轮不平行、有效轮距未知、传感器分辨率有限、传感器采样频率有限等；非系统误差包括行驶的地面不平坦、地面有不可预知的物体、由于某些原因(光滑的地面、加速度过大、急速转弯、外界的作用力等)导致车轮行驶过程当中的打滑等。

采用相对定位的方法进行移动机器人定位，只能在较短的时间及距离内具有较高的精度，因此，想要提高移动机器人的定位精度，还要结合绝对定位技术。

4.2　移动机器人绝对定位

　　绝对定位能确定移动机器人在全局参考框架下的位姿信息，不依赖于时间和初始位姿，因此，不但没有累积误差问题，而且还具有精度高、可靠性强等优点。基于信标的定位、基于地图匹配方法的定位以及基于卫星的定位都属于绝对定位方法的范畴。其中，基于卫星定位是移动机器人比较常用的定位方法。从传感器角度，基于红外、超声波、激光以及相机的定位都属于绝对定位。从技术手段上，伪卫星、Wi-Fi、射频标签（RFID）、蓝牙（Bluetooth，BT）、超宽带（Ultra Wide Band，UWB）、地磁以及光跟踪等，也属于绝对定位范畴。绝对定位方法是移动机器人中比较复杂和专业的技术，本节仅对新兴的 BDS 定位、常用的 GPS 定位、基于视觉的路标定位进行简单介绍。

4.2.1　BDS 定位

　　中国北斗卫星导航系统（BeiDou Navigation Satellite System，BDS）是中国自行研制的全球卫星导航系统，采用三球交汇定位原理进行定位。在空间中已知 A、B、C 三点的位置，待定位移动机器人看作质点 D，D 点到上述三点的距离皆已知的情况下，可以确定出移动机器人 D 的空间位置，D 点一定位于分别以 A、B、C 为圆心，AD、BD 和 CD 为半径的三个圆球的交汇点上。

　　中国北斗卫星导航系统分为三个部分，分别为空间段、地面段、用户段。

　　（1）空间段：北斗卫星导航系统的空间段将由 35 颗卫星组成，包括 5 颗静止轨道卫星、27 颗中地球轨道卫星、3 颗倾斜同步轨道卫星。5 颗静止轨道卫星定点位置为东经 58.75°、80°、110.5°、140°、160°，中地球轨道卫星运行在 3 个轨道面上，轨道面之间为相隔 120° 均匀分布。

　　（2）地面段：由中心控制系统和标校系统组成。中心控制系统主要用于卫星轨道的确定、电离层校正、用户位置确定、用户短报文信息交换等。标校系统可提供距离观测量和校正参数。系统的地面段由主控站、注入站、监测站组成。主控站用于系统运行管理与控制等。主控站从监测站接收数据并进行处理，生成卫星导航电文和差分完好性信息，而后将信息交由注入站执行信息的发送。注入站用于向卫星发送信号，对卫星进行控制管理。在接受主控站的调度后，将卫星导航电文和差分完好性信息向卫星发送。监测站用于接收卫星的信号，并发送给主控站，可实现对卫星的监测，以确定卫星轨道，并为时间同步提供观测资料。

　　（3）用户段：用户段即用户的终端，既可以是专用于北斗卫星导航系统的信号接收机，也可以是同时兼容其他卫星导航系统的接收机。接收机需要捕获并跟踪卫星的信号，根据数据按一定的方式进行定位计算，最终得到用户的经纬度、高度、速度、时间等信息。移动机器人控制系统中应用北斗卫星导航系统的用户端软硬件，即可以实现绝对定位。

4.2.2　GPS 定位

　　全球定位系统（Global Positioning System）是美国的卫星定位系统，自 2000 年左右投人民用，已成为第二代卫星系统。GPS 导航系统是以全球 24 颗定位人造卫星为基础，向全球各地全天候地提供三维位置、三维速度等信息的一种导航定位系统。该系统卫星分布在 6 个轨道面上，在地球表面的任何地域，任何时间都可以至少同步接收 4 颗以上的卫星信号。GPS 不断向地面发送导航电文，地面上任何位置都可以根据 4 颗卫星信道的电文信息推算出当前接收者的三维位置，实现导航定位目的。

GPS 定位系统由三部分构成，分别是空间部分、地面控制部分和用户装置部分。

（1）空间部分：GPS 定位系统的空间部分是由 24 颗 GPS 工作卫星所组成，这些 GPS 工作卫星共同组成了 GPS 卫星星座，其中 21 颗为可用于导航的卫星，3 颗为备用卫星。这 24 颗卫星分布在 6 个倾角为 55°的轨道上绕地球运行，卫星的运行周期约为 12 恒星时。每颗 GPS 工作卫星都发出用于导航定位的信号，GPS 用户正是利用这些信号来进行工作的。

（2）地面控制部分：GPS 定位系统的控制部分由分布在全球的由若干个跟踪站所组成的监控系统所构成。根据其作用的不同，这些跟踪站又被分为主控站、监控站和注入站。主控站的作用是根据各监控站对 GPS 的观测数据，计算出卫星的星历和卫星钟的改正参数等，并将这些数据通过注入站注入到卫星中去，同时，它还对卫星进行控制，向卫星发布指令，当工作卫星出现故障时调度备用卫星，替代已失效的工作卫星工作。另外，主控站也具有监控站的功能。注入站的作用是将主控站计算出的卫星星历和卫星钟的改正数等注入到卫星中去。

（3）用户部分：由 GPS 接收机、数据处理软件及相应的用户设备如计算机气象仪器等组成。它的作用是接收 GPS 卫星发出的信号，利用这些信号进行导航定位等工作。

绝大多数的室外移动机器人采用 GPS 定位技术，随着北斗导航技术的推广，采用 BDS 技术进行定位的移动机器人将越来越多。

4.2.3　路标定位

路标是指具有明显特征且能够被移动机器人传感器识别的特殊物体，路标有人工路标和自然路标两种类型，人工路标就是专门设计的物体或者标识物，只具有给机器人导航的唯一应用；自然路标是一些物体或者其特征，除导航外，还具有其他功能。移动机器人定位的主要任务就是应用路标观测的传感器如超声波传感器、激光雷达、视觉传感器等可靠的辨识路标，并据此计算出移动机器人的位置。位精度的高低取决于对路标的识别以及位置信息提取的准确程度。

应用路标进行移动机器人定位的方法主要采用三边定位测量法。

三边定位测量法是根据移动机器人与路标之间的距离来确定移动机器人位置的方法。三边测量定位系统至少需要 3 个已知位置的信号发射器（或者接收器），而接收器（或者发射器）安装在移动机器人上。卫星定位系统就是一种利用三边测量法定位的典型例子。相对于其他环境感知传感器，超声波传感器因其价格低廉、硬件容易实现并且技术成熟等优点，已广泛应用于移动机器人的室内定位系统中。

在三边测量法导航系统中，通常有三个或更多在环境中已知的固定地点，移动机器人根据这些固定点的距离，应用几何三角学就可以确定自身在已知坐标系中的坐标。测距的方法采用时间—路程计算方法，根据超声波发射波传播时间，系统可以计算固定点的发射器与移动机器人上接收器之间的距离。三边测量法原理如图 4 - 3 所示。

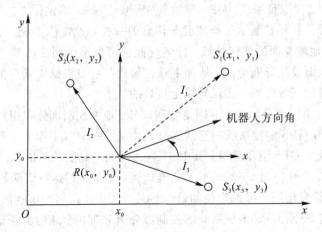

图 4 - 3　三边测量法原理图

图 4 - 3 中 $R(x_0, y_0)$ 为移动机器人当前位置，S_1、S_2、S_3 分别为三个固定位置，已知移动机器人到三点 S_1、S_2、S_3 的距离 I_1、I_2 和 I_3，以 I_1、I_2、I_3 为半径作三个圆，根据毕达哥拉斯定理，可得出交点即未知点 $R(x_0, y_0)$ 的位置计算公式方程组如下：

$$\begin{cases} (x_1 - x_0)^2 + (y_1 - y_0)^2 = I_1^2 \\ (x_2 - x_0)^2 + (y_2 - y_0)^2 = I_2^2 \\ (x_3 - x_0)^2 + (y_3 - y_0)^2 = I_3^2 \end{cases} \tag{4-15}$$

求解方程，即可得到移动机器人当前位置 $R(x_0, y_0)$ 的值。

上文分别介绍了相对定位与绝对定位，从不同角度理解两种定位的优缺点，能够更好地选择适用场合，完成高效的移动机器人的定位。实际使用中相对定位方法能够根据移动机器人的运动学模型对每一时刻的移动机器人位姿进行迭代递推，不依赖于外界环境信息，短时精度较好，但该类定位方法难以避免地存在误差累积问题。绝对定位方法虽然具有精度高、可靠性强等优点，但该类方法同样具有自身的局限性，比如基于导航路标的定位方法只适用于设有导航路标的环境中，方法本身局限性较大。基于卫星的定位方法依赖于卫星信号的可获得性及信号质量，在室外空旷的环境下，定位精度可达到很高，但在室内由于信号无法获得而失效。在城市道路环境下，由于建筑物的遮挡，信号反射造成的多径效应，道路两旁的树木的遮挡等原因，定位精度也会受到很大影响。为了实现以上两种定位方法的优势互补，形成了基于航位推算的相对定位信息和绝对定位信息相结合的组合定位方法。

4.3　移动机器人视觉定位

随着计算机技术和视觉技术的发展，利用视觉传感器进行移动机器人定位的技术逐渐成熟起来，应用单目相机、双目相机、RGBD 相机以及 Kinect 相机，移动机器人可以实现精确的定位，本节介绍移动机器人应用单目相机进行定位的方法原理，然后介绍移动机器人应用双目相机进行定位的一种方法。

对于安装在移动机器人上的单目相机，使其光轴平行于地面。如果相机本身的内参数已知，并且已知一直平行于相机坐标系的 X 或 Y 轴的平面上的任意两个点的位置，则可以通过这两个点的图像坐标计算出移动机器人的位置和姿态，即实现移动机器人单目视觉定位。

根据计算机视觉原理，对于一个平面上的点 P 在两个视点 O_{c1}、O_{c2} 下的图像齐次坐标 $\boldsymbol{I}_1 = \begin{bmatrix} u_1 & v_1 & 1 \end{bmatrix}^{\mathrm{T}}$ 和 $\boldsymbol{I}_2 = \begin{bmatrix} u_2 & v_2 & 1 \end{bmatrix}^{\mathrm{T}}$，存在一组单应性矩阵 $\boldsymbol{H}$，即下式成立：

$$\alpha \boldsymbol{I}_2 = \boldsymbol{H}_i \boldsymbol{I}_1 \tag{4-16}$$

式中，α 为非零常数因子。

图像坐标系下的单应性矩阵 $\boldsymbol{H}_i$ 在相差一个非零常数因子的意义下是唯一的。取相机坐标系的 Z 轴为相机光轴方向，相机坐标系原点在相机光轴中心 O_{c2}，坐标系如图 4 - 4 所示。

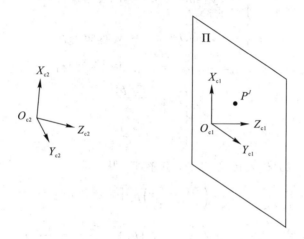

图 4 - 4　相机坐标系与平面坐标系

设在相机坐标系下平面上的点 P 的欧几里得空间坐标为 $\boldsymbol{P}_c = \begin{bmatrix} x_c & y_c & z_c \end{bmatrix}^{\mathrm{T}}$，已知相机内参数矩阵为 $\boldsymbol{M}_{\mathrm{in}}$，则

$$I_i = \boldsymbol{M}_{\mathrm{in}} \frac{\boldsymbol{P}_{ci}}{z_{ci}} \tag{4-17}$$

将式(4 - 17)代入式(4 - 16)中可得

$$P_{c2} = M_{\mathrm{in}}^{-1} \boldsymbol{H}_i \boldsymbol{M}_{\mathrm{in}} \boldsymbol{P}_{ci} z_{c2} / z_{c1} = \boldsymbol{H}_e \boldsymbol{P}_{c1} \tag{4-18}$$

式中：$\boldsymbol{H}_e$ 称为欧几里得空间单应性矩阵。$\boldsymbol{H}_e$ 即为相机在两个视点 O_{c1}、O_{c2} 的坐标系之间的变换。通过平面上的 3 个点，可以确定 $\boldsymbol{H}_e$ 的参数。

当移动机器人运动时，视点 O_{c2} 相对于视点 O_{c1} 作平移运动，相机的姿态绕 X_{c2} 轴旋转。设 $\boldsymbol{H}_e = \begin{bmatrix} \boldsymbol{R} & \boldsymbol{p} \\ 0 & 1 \end{bmatrix}$，于是有

$$\boldsymbol{P}_{c2} = \boldsymbol{R} \boldsymbol{P}_{c1} + \boldsymbol{p} \tag{4-19}$$

$$\begin{bmatrix} x_{c2} \\ y_{c2} \\ z_{c2} \end{bmatrix} = \begin{bmatrix} 1 & 0 & 0 \\ 0 & \cos\theta & -\sin\theta \\ 0 & \sin\theta & \cos\theta \end{bmatrix} \begin{bmatrix} x_{c1} \\ y_{c1} \\ z_{c1} \end{bmatrix} + \begin{bmatrix} p_x \\ p_y \\ p_z \end{bmatrix} \tag{4-20}$$

其中，θ 为 z_{c1} 轴与 z_{c2} 轴之间的夹角。$\begin{bmatrix} p_x & p_y & p_z \end{bmatrix}^{\mathrm{T}}$ 为视点 O_{c1} 在视点 O_{c2} 坐标系中的表示。

对于平面 Π 上任意一点 p^j，在视点 O_{c1} 坐标系中可表示为 $p_{c1}^j = \begin{bmatrix} x_{c1}^j & y_{c1}^j & 0 \end{bmatrix}^{\mathrm{T}}$，将其

代入式(4-20)，可得

$$\begin{cases} x_{c2}^j = x_{c1}^j + p_x \\ y_{c2}^j = y_{c1}^j \cos\theta + p_y \\ z_{c2}^j = y_{c1}^j \sin\theta + p_z \end{cases} \tag{4-21}$$

式中：$(x_{c1}^j, y_{c1}^j, z_{c1}^j)$ 为平面 Π 上的点 P^j 在坐标系 $O_{c1} X_{c1} Y_{c1} Z_{c1}$ 下的坐标；$(x_{c2}^j, y_{c2}^j, z_{c2}^j)$ 为 P^j 在坐标系 $O_{c2} X_{c2} Y_{c2} Z_{c2}$ 下的坐标。

消去 z_{c2}^j，将式(4-21)重写为式(4-22)，其中的 $\dfrac{x_{c2}^j}{z_{c2}^j}$ 和 $\dfrac{y_{c2}^j}{z_{c2}^j}$ 可利用图像坐标获得

$$\begin{cases} \dfrac{x_{c2}^j}{z_{c2}^j}(y_{c1}^j \sin\theta + p_z) = x_{c1}^j + p_x \\ \dfrac{y_{c2}^j}{z_{c2}^j}(y_{c1}^j \sin\theta + p_z) = y_{c1}^j \cos\theta + p_y \end{cases} \tag{4-22}$$

如果将 P^1 选在视点 O_{c1}，则 $x_{c1}^1 = 0$，$y_{c1}^1 = 0$，由式(4-22)得

$$\begin{cases} p_x = \dfrac{x_{c2}^1 \, p_z}{z_{c2}^1} \\ p_y = \dfrac{y_{c2}^1 \, p_z}{z_{c2}^1} \end{cases} \tag{4-23}$$

对于点 P^2，将式(4-23)代入式(4-22)，并整理，得

$$\begin{cases} y_{c1}^2 \sin\theta = \dfrac{1}{x_{c2}^2 / z_{c2}^2}\left[x_{c1}^2 + \left(\dfrac{x_{c2}^1}{z_{c2}^1} + \dfrac{x_{c2}^2}{z_{c2}^2} \right) p_z \right] = a_1 + b_1 \, p_z \\ y_{c1}^2 \cos\theta = \dfrac{y_{c2}^2 / z_{c2}^2}{x_{c2}^2 / z_{c2}^2}\left[x_{c1}^2 + \left(\dfrac{x_{c2}^1}{z_{c2}^1} - \dfrac{x_{c2}^2}{z_{c2}^2} \right) p_z \right] + \dfrac{y_{c2}^2}{z_{c2}^2} \, p_z - \dfrac{y_{c2}^1}{z_{c2}^1} \, p_z = a_2 + b_2 \, p_z \end{cases} \tag{4-24}$$

式中 a_1 和 a_2 分别为

$$a_1 = \dfrac{1}{x_{c2}^2 / z_{c2}^2} \, x_{c1}^2, \quad b_1 = \dfrac{1}{x_{c2}^2 / z_{c2}^2}\left(\dfrac{x_{c2}^1}{z_{c2}^1} - \dfrac{x_{c2}^2}{z_{c2}^2} \right)$$

$$a_2 = \dfrac{y_{c2}^2 / z_{c2}^2}{x_{c2}^2 / z_{c2}^2} \, x_{c1}^2, \quad b_1 = \dfrac{y_{c2}^2 / z_{c2}^2}{x_{c2}^2 / z_{c2}^2}\left(\dfrac{x_{c2}^1}{z_{c2}^1} - \dfrac{x_{c2}^2}{z_{c2}^2} \right) + \dfrac{y_{c2}^2}{z_{c2}^2} - \dfrac{y_{c2}^1}{z_{c2}^1}$$

由式(4-24)得

$$(y_{c1}^2)^2 = (a_1 + b_1 \, p_z)^2 + (a_2 + b_2 \, p_z)^2 \tag{4-25}$$

故

$$p_z = \dfrac{-c_2 \pm \sqrt{c_2^2 - 4c_1 c_3}}{2 c_1} \tag{4-26}$$

式中：$c_1 = (b_1^2 + b_2^2)$，$c_2 = 2(a_1 b_1 + a_2 b_2)$，$c_3 = a_1^2 + a_2^2 - (y_{c1}^2)^2$。

获得 p_z 后，可获得 p_x、p_y。偏转角 θ 为

$$\theta = \arctan(a_1 + b_1 \, p_x, a_2 + b_2 \, p_z) \tag{4-27}$$

对于平面 Π 上的多个点，可以利用式(4-23)、式(4-26)和式(4-27)求得多组参数 p_x、p_y、p_z、θ。即利用一个平面上的两个点的平面坐标和图像坐标，实现移动机器人的单目视觉定位。

4.4　移动机器人概率定位

所谓移动机器人概率定位，简单来讲就是移动机器人在某个位置是不确定的，有概率的，概率最大的位置就是移动机器人的位置。在移动机器人实际定位过程当中，由于一些环境原因引起的不确定因素，存在许多具体的定位问题。比如移动机器人本身就存在的不确定性、里程计误差累积和传感器的噪声干扰等，其次就是移动机器人在运动过程中环境的不可预知性。此类不易确定且容易变化的因素，使得移动机器人定位变得困难。因而研究人员将概率理论应用到了移动机器人定位当中。

概率定位方法的理论基础基于贝叶斯滤波的马尔可夫链过程，移动机器人概率定位就是在给出移动机器人位置状态先验概率的基础上来估计移动机器人位置状态的后验概率的过程。

为了实现概率定位，还需要详细定义移动机器人的环境感知模型和运动模型，以及合理的置信度，由于对置信度的表示方式不同，产生了许多不同的概率定位方法，比如卡尔曼滤波(EKF)方法和马尔科夫定位(Markov)方法等，将在第 6 章详细介绍。

习　　题

4.1　移动机器人有哪些定位方法？

4.2　简述三边定位法和三角定位法原理。

4.3　怎样检测环境中的自然路标？

4.4　为实现平面中移动机器人的静态三角测量，路标或者传感器有哪几种可能组合使用的方式？

4.5　实现平面中移动机器人的动态三角测量，路标或者传感器有哪几种可能组合使用的方式？

第 5 章　移动机器人路径规划与避障

移动机器人依靠其配备的激光雷达、超声波雷达、摄像头等多种传感器来收集外界环境的信息，通过对传感器信息进行数据处理和融合，对其所工作的环境进行地图构建，便可根据自身位置进行实时路径规划和动态避障，具备安全移动能力。

其中，移动机器人路径规划是指移动机器人按照距离、时间、能量等性能指标，在工作空间中搜索一条从起始状态到目标状态最优且合理的运动策略，同时在运动过程中能完成障碍物躲避（即避障）。它是机器人执行各种任务的基础。移动机器人路径规划主要包含地图构建和路径搜索两个层面。地图构建即应用适当的建图方法对移动机器人工作的环境空间进行描述；路径搜索是指选用恰当的搜索算法，完成从指定起点到终点的最优路径。移动机器人避障是指在行走过程中通过传感器感知到妨碍其通行的静态和动态物体时，按照一定的方法进行有效躲避，从而达到目标状态。

本章重点

· 人工势场法路径规划；

· 遗传算法路径规划；

· BUG1 避障算法。

5.1　移动机器人建图

移动机器人主要利用测距、视觉等传感器获取环境信息（自然路标）。按照某种方式对机器人的工作环境空间建立数学模型—环境地图的构建，简称建图。根据建图方式的不同，环境地图可以分为两大类，度量地图和拓扑地图。其中，度量地图侧重于精确地表示地图中物体的位置关系，最常见的建图形式有特征地图、栅格地图等；而相比于度量地图的精确性，拓扑地图则更强调地图元素之间的关系。

1. 特征地图

特征地图主要利用几何特征如点、线、面等，来表达环境信息。近些年，特征地图领域的技术应用主要集中在通过视觉传感器（一般为相机）采集环境特征信息再进行建图方面。通过在采集的每一帧图像里提取一系列的点、线等特征，并计算特征的空间位置信息，再结合相机的位姿来构建特征地图。对于移动机器人工作的某环境原图，如图 5 - 1 所示，点线特征地图如图 5 - 2 所示。

计算机视觉领域提供了许多可供参考的视觉特征提取方法。特征地图存在两个关键问题。一个关键问题是当移动机器人对环境中的特征进行检测时，可能会出现错误检测或者漏检测，因此特征要与前一时刻的检测结果相关联，以便判断提取的特征是否属于同一个物体，这也称为数据关联问题。一般采用特征中的显著特征进行检测，显著特征能确保移动机器人在地图中的实体附近进行定位时，地图中的实体能很容易被再次检测出来。另一个关键问题是环境特征的空间位置信息并不是容易获得的变量，或者说，并不能直观地观测到一个特征的全部维度。这意味着需要通过对不同图像帧的数据信息进行融合处理，运用概率学方法(也包括一些非概率学的方法)得到更多信息，包括深度信息。特征地图具有一个特别明显的优点，即在通过相机对环境进行特征提取时，不需要包含环境中物体的全部细节。另外，特征地图通常比栅格地图减少了对存储空间的需求，从而节省了计算成本。

图 5-1　环境原图

图 5-2　点线特征地图

2. 栅格地图

栅格地图是指将整个地图分为若干相同大小的栅格，对于每一个栅格，它要么处于被障碍物占据的状态，要么处于没有被障碍物占据的空闲状态；若用 $p(s)$ 来表示每个栅格被占据的概率，$p(s=1)$ 表示此栅格处于占据状态，$p(s=0)$ 表示此栅格处于空闲状态，两者概率之和为 1，且每个栅格被占据的概率相互独立。一个栅格状态的数值越大，就表示该栅格为占据状态的可能性越大；相反，数值越小，就表示该栅格为空闲状态的可能性越大。

引入两者的比值来表示栅格的状态：

$$\text{Odd}(s) = \frac{p(s=1)}{p(s=0)} \tag{5-1}$$

当传感器获得新的环境测量值 $\{\text{Measurement}, z\{0,1\}\}$ 时，相关的栅格就要更新栅格状态 $\text{Odd}(s)$。假设新的测量值到来之前，该栅格的状态为 $\text{Odd}(s)$，则到来之后，更新栅格的状态为

$$\text{Odd}(s \mid z) = \frac{p(s=1 \mid z)}{p(s=0 \mid z)} \tag{5-2}$$

这种表达方式类似于条件概率，表示在 z 发生条件下栅格的状态。

根据贝叶斯公式得出以下两个式子：

$$p(s=1 \mid z) = \frac{p(z \mid s=1) p(s=1)}{p(z)} \tag{5-3}$$

$$p(s=0 \mid z) = \frac{p(z \mid s=0) p(s=0)}{p(z)} \tag{5-4}$$

将式(5-3)、式(5-4)代入式(5-2)后，得到

$$\text{Odd}(s \mid z) = \frac{p(s=1 \mid z)}{p(s=0 \mid z)} = \frac{p(z \mid s=1)p(s=1)/p(z)}{p(z \mid s=0)p(s=0)/p(z)} = \frac{p(z \mid s=1)}{p(z \mid s=0)}\text{Odd}(s)$$
$$(5-5)$$

式(5-5)同时取对数，用 $\text{logOdd}(s)$ 表示一个栅格的状态：

$$\text{logOdd}(s \mid z) = \log\frac{p(z \mid s=1)}{p(z \mid s=0)} + \text{logOdd}(s) \qquad (5-6)$$

此时，含有测量值的项就只有 $\log\frac{p(z \mid s=1)}{p(z \mid s=0)}$ 了，这个比值称为测量值的模型，该测量值的模型只有占据（looccu）和空闲（lofree）两个定值，分别为

$$\text{lofree} = \log\frac{p(z=0 \mid s=1)}{p(z=0 \mid s=0)} \qquad (5-7)$$

$$\text{looccu} = \log\frac{p(z=1 \mid s=1)}{p(z=1 \mid s=0)} \qquad (5-8)$$

此时，用 $\text{logOdd}(s)$ 来表示栅格 s 的状态 S，更新规则就简化为

$$S^+ = S^- + \log\frac{p(z \mid s=1)}{p(z \mid s=0)} \qquad (5-9)$$

其中，S^+ 和 S^- 分别表示测量值之后和之前栅格 s 的状态。

经过这样的建模，更新一个栅格的状态只需要做简单的加法即可得到

$$S^+ = S^- + \text{lofree} \qquad (5-10)$$
$$S^+ = S^- + \text{looccu} \qquad (5-11)$$

由前面推导可知，在已知上一时刻的栅格占据状态情况下，由移动机器人的位姿和当前时刻传感器观测获得的新测量值，就可以计算得到现在时刻栅格的占据概率，再根据移动机器人的位姿将栅格占据状态映射到全局地图中。

图 5-3 描述了采用激光传感器如何构建栅格地图，假设 looccu=0.9，lofree=-0.7。

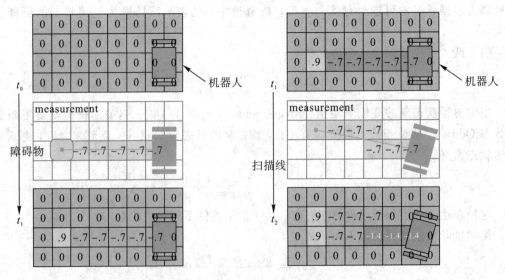

图 5-3 激光雷达构建栅格地图

图 5-3 描述了两次激光扫描数据更新地图的过程，t_0 时刻为初始时刻，t_1 时刻移动机器人在第一次扫描后构建地图，t_2 时刻移动机器人在第二次扫描后构建地图；颜色越深表

示栅格是空闲的，颜色越浅越表示栅格是占据的。

与强调几何形状的特征地图不同，栅格地图更关心每个栅格被占据的概率。如果提高栅格地图的分辨率，它便能够精确地描述环境细节，因此，可以将其用于机器人避障和路径规划等任务中。然而，当机器人通过较为复杂的环境时，若地图分辨率设置得过高，会增加环境信息的存储空间及计算复杂性；严重时可能导致计算机存储空间不足、地图处理速度减慢等问题。根据栅格地图所描述的工作环境的维度，栅格地图可以分为二维栅格地图和三维栅格地图。图 5-4 为二维栅格地图。图 5-5 为三维栅格地图。

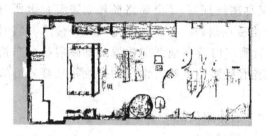

图 5-4　二维栅格地图　　　　　　　　　　图 5-5　三维栅格地图

3. 拓扑地图

拓扑地图通常用图结构表示，它通过将环境抽象为节点和线，进而将环境表示成一个具有多连通区域的地图，其中节点用于表示环境中的一个特征状态或地点，线用于表示两个对应的点之间的连通状态。拓扑地图可以直接表达环境中各节点间的连通性，将其用于机器人的路径规划等任务时，它表现得更加快速和高效。然而，由于地图中缺少度量信息，因此难以确保不同地点之间的可靠导航。图 5-6 为某移动机器人应用视觉传感器实时构建拓扑地图，图 5-7 为校园道路构成的拓扑地图。

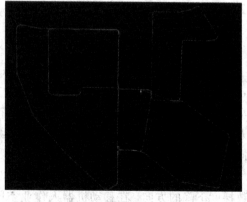

图 5-6　移动机器人构建拓扑地图　　　　图 5-7　校园道路构成的拓扑地图

以上几种地图即为环境地图常用的表达形式，每种地图都有自己的优势和不足，根据需求可以选择不同的环境表示方法。然而，在较为复杂的系统中，则往往需要多种地图搭配使用，例如，移动机器人进行自主导航时，使用度量地图进行自身的定位，利用拓扑地图进行路径规划等，可以集成两种方法的优点，弥补各自的缺陷。

5.2 移动机器人传统路径规划

路径规划技术作为移动机器人技术中的一个核心内容，标志着移动机器人的智能化水平，即实现移动机器人在未知环境下的自主路径规划决策，同时具备实时、自主并识别高风险区域的能力。根据对环境信息的把握程度，路径规划可分为基于先验信息的全局路径规划和基于传感器信息的局部路径规划。其中，从获取障碍物信息是静态或是动态的角度看，全局路径规划属于静态规划（又称离线规划）。全局路径规划需要掌握所有的环境信息，根据环境地图的所有信息进行路径规划；局部路径规划只需要传感器实时采集环境信息，从而了解环境地图信息，然后确定出所在地图的位置及其障碍物分布情况，以选出从当前节点到某一子目标的最优路径。移动机器人常用的传统路径规划方法如下：

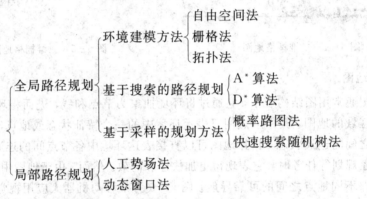

本节只介绍常用的人工势场法、A^* 算法。

5.2.1 人工势场法路径规划

1. 人工势场法原理

人工势场法的基本原理就是将移动机器人假设成一个点，该点在一个虚拟力场中运动，虚拟力场是由目标点对移动机器人的引力场和障碍物对移动机器人的斥力场组成的。移动机器人受到虚拟力，该虚拟力包括障碍物对移动机器人产生的斥力，目标点对移动机器人产生的引力，引力和斥力的合力作为移动机器人的加速力，该加速力"推动"移动机器人向着目标做无碰运动。

将引力场与斥力场的和定义为人工势场法的势场函数，移动机器人移动的方向为势场函数梯度下降的方向。在移动机器人作业空间中，移动机器人的空间位姿可以用 q 表示，其势场可以用 $U(q)$ 表示，移动机器人目标状态位姿可用 q_g 来表示，并定义与目标位姿 q_g 相关联的吸引势 $U_a(q)$，以及与障碍物 U_{obs} 相关联的排斥势 $U_{rep}(q)$。那么，位姿空间中某一位姿的场可以用下式表示：

$$U(q) = U_a(q) + U_{rep}(q) \tag{5-12}$$

移动机器人所受到的虚拟力为目标位姿的吸引力和障碍物的斥力的合力：

$$F(q) = -\nabla U(q) = -\nabla U_a(q) - \nabla U_{rep}(q) \tag{5-13}$$

式中，$\nabla U(q)$ 表示 U 在 q 处的梯度，它是一个向量，其方向是位姿 q 所处势场变化率最大的方向。那么，对于二维空间中的移动机器人位姿 $q(x, y)$ 来说，有

$$\nabla U(q) = \begin{bmatrix} \dfrac{\partial U}{\partial x} \\[2mm] \dfrac{\partial U}{\partial y} \end{bmatrix} \tag{5-14}$$

对于吸引势 $U_{\mathrm{a}}(q)$ 和排斥势 $U_{\mathrm{rep}}(q)$，最常用的定义为静电场势场模型，如下：

$$\begin{cases} U_{\mathrm{a}}(q) = \dfrac{1}{2}\xi\rho_{\mathrm{g}}^{2}(q) \\[3mm] U_{\mathrm{rep}}(q) = \begin{cases} \dfrac{1}{2}\eta\Big(\dfrac{1}{\rho(q)} - \dfrac{1}{\rho_0}\Big),\ \rho(q) \leqslant \rho_0 \\[3mm] 0,\ \rho(q) > \rho_0 \end{cases} \end{cases} \tag{5-15}$$

式中，$\rho_{\mathrm{g}}(q) = \|q - q_{\mathrm{g}}\|$，为从 q 到 q_{g} 的欧氏距离；ξ、η 为相应的正比例系数；ρ_0 为正常数，表示障碍物区域可对移动机器人的运动产生影响的最大距离；$\rho(q)$ 为障碍物区域 C_{obs} 到位姿 q 的最小距离，也就是说对于所有的 $q' \in C_{\mathrm{obs}}$，有 $\rho(q) = \min\|q - q'\|$。

而当 q 无限接近于 C_{obs} 时，$U_{\mathrm{rep}}(q)$ 趋近于无穷大。结合前面的公式，可以分别得到移动机器人所受吸引力和排斥力：

$$\begin{cases} F_{\mathrm{a}}(q) = -\xi(q - q_{\mathrm{g}}) \\[3mm] F_{\mathrm{rep}}(q) = \dfrac{\eta}{\rho^{2}(q)}\Big(\dfrac{1}{\rho(q)} - \dfrac{1}{\rho_0}\Big)\nabla\rho(q) \end{cases} \tag{5-16}$$

用 q_{c} 表示障碍物区域 C_{obs} 上距离 q 最近的位姿点，也就是 $\rho(q) = \|q - q_{\mathrm{c}}\|$，则 $\nabla\rho(q)$ 是由 q_{c} 指向 q 的单位向量，即

$$\nabla\rho(q) = \frac{q - q_{\mathrm{c}}}{\|q - q_{\mathrm{c}}\|} \tag{5-17}$$

当环境中有凹多边形障碍物时，将其分解为多个凸多边形。在有 n 个障碍物的环境中，分别对每个障碍物求其排斥势 U_{repi} 和斥力 F_{repi}，并将所有的斥力相加，得到最终的斥力为

$$F_{\mathrm{rep}} = \sum_i F_{\mathrm{repi}} \tag{5-18}$$

2. 移动机器人轨迹生成

在人工势场中，移动机器人受到引力和斥力的合力作用，产生加速度 a_k：

$$a_k = \frac{F(q_k)}{\|F(q_k)\|}a_0 \tag{5-19}$$

且加速度 a_k 方向与合力 $F(q_k)$ 的方向一致，式中 a_0 为加速度常数。

设移动机器人系统对环境的采样周期为 T_0，移动机器人的实际位姿为

$$q(k) = (x_k, y_k, \theta_k) \tag{5-20}$$

移动机器人速度 V_k 的方向一般可用移动机器人姿态角 θ_k 表示为

$$\theta_k = \tan2(V_{yk}, V_{xk}) \tag{5-21}$$

经过一个系统采样周期 T_0 后，系统位姿变为

$$q(k+1) = (x_{k+1}, y_{k+1}, \theta_{k+1}) \tag{5-22}$$

其中

$$\begin{cases} x_{k+1} = x_k + \dfrac{a_{xk}T_0^2}{2} \\ y_{k+1} = \dfrac{y_k + a_{yk}T_0^2}{2} \end{cases} \tag{5-23}$$

使用以上的公式计算环境中每一点的势场，移动机器人作为一个质点，在势场力的引导下从起点开始移动，直到终点结束，其移动的轨迹即为规划路径。

计算 U_{rep} 时应该注意，对各个障碍物可以选择不同的 η、ρ_0。如果某个障碍物离目标点较近，则应该选择较小的 ρ_0，以尽量使目标点在障碍物的影响范围之外，否则斥力可能会使移动机器人永远无法到达目标点。如果目标点在某个障碍物的影响范围之内，$U_{rep}(q_g)$ 不为零，则 $U(q)$ 的全局最小点不是目标点 q_g。此时，可以通过在目标点附近建立新的势场函数，使得 $U_{rep}(q_g)$ 为零。

3. 人工势场法路径规划

人工势场算法可以描述如下：

（1）输入：初始位姿 q_i、目标位姿 q_g 和障碍物信息。

（2）输出：一条连接 q_i 和 q_g 的位姿序列或者指出该序列不存在。

（3）过程：从 q_i 开始计算当前位姿 q_k 的势场力 $F(q_k)$ 并沿其方向前进一个小的步长 δ_k，δ_k 根据当前位姿设置不同的值。重复计算，直到找到 q_g 或者无路可走时结束。每一步选择的 δ_k 必须足够小，以保证从 q_k 到 q_{k+1} 的路径不会和障碍物相碰撞。举例来说，δ_k 应小于目前位姿 q_k 到障碍物区域 C_{obs} 的最小距离。在当前位姿 q_k 离目标位姿 q_g 很近时，δ_k 还要保证不会越过目标位姿。有文献给出了在不同步长时规划路径平滑性效果。图 5-8 给出了该算法的流程。

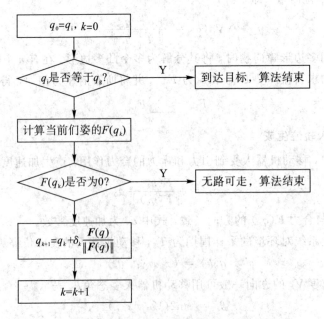

图 5-8 人工势场法路径规划流程

从避障角度考虑，上述方法引力势场的作用范围较大，而排斥势场只是作用在局部范围内，距离障碍较远的区域不受障碍排斥势场的影响。因此这种方法也称为局部方法，因为它只解决局部空间内的避障问题。其存在的主要问题是缺乏全局信息，但可以采用启发式方法加以弥补。同时为了简化距离求解，可尽量用规则的几何体来近似描述机器人和障碍物，对于多面体，可以进行合理的分解和组合，并保证尽可能少地浪费自由空间，同时人工势场法与其他规划方法相结合，就可以规划出平滑的路径。

5.2.2 A* 算法路径规划

1. A* 算法原理

A*（A-Star）算法是一种静态路网中求解最短路径的最有效的直接搜索方法，也是许多其他问题的常用启发式算法，被广泛应用在路径规划领域，整体算法外部框架采用基本的搜索遍历方法。A* 算法的思想是以当前节点 n 为中心，向周围扩展待选节点 node$=$ $[n_1, n_2, n_3, \cdots]$，传统 A* 算法在扩展节点时与栅格法相结合，可以扩展节点 n 所在方格周围 8 个方格的中心点为下一步待选节点，需要同时考虑该节点是否在威胁区范围内。再通过评价函数计算各个待选节点的代价值，选择代价最小的节点作为下一步节点 $n+1$。

A* 算法的评价函数为

$$f(n) = h(n) + g(n) \tag{5-24}$$

其中，$f(n)$ 是待搜索点总的路径估价函数，$g(n)$ 表示从起始点到当前点的最短路径，$h(n)$ 表示当前点到终止点的最短路径。

2. A* 算法路径规划

移动机器人出发点作为 A* 算法的起始节点，移动机器人每走一步，都应用式(5-24)选择节点，所选的全部节点构成了路径。

路径上的节点被存储在称为 OpenList 和 CloseList 的两个列表中。OpenList 中存放候选检查的节点，CloseList 中存放已经检查过的节点。在算法的每个循环中，将从 OpenList 中选择具有最小成本评估值的最佳节点。如果节点 n 是目标节点，那么表示已经搜索到了最佳路径；否则，从 OpenList 中移除节点 n，并附加到 CloseList。同时，不在 CloseList 和 OpenList 中的节点 n 的邻居节点需要添加到 OpenList 中，并将其父节点设置为节点 n。使用评估函数(5-13)从 OpenList 中选择要进一步扩展的节点。

A* 算法的流程如图 5-9 所示。

A* 算法通过比较当前路径节点的 8 个邻居节点的启发式函数值 F 来逐步确定下一个路径节点；当存在多个最小值时，A* 算法不能保证其搜索的路径最优。

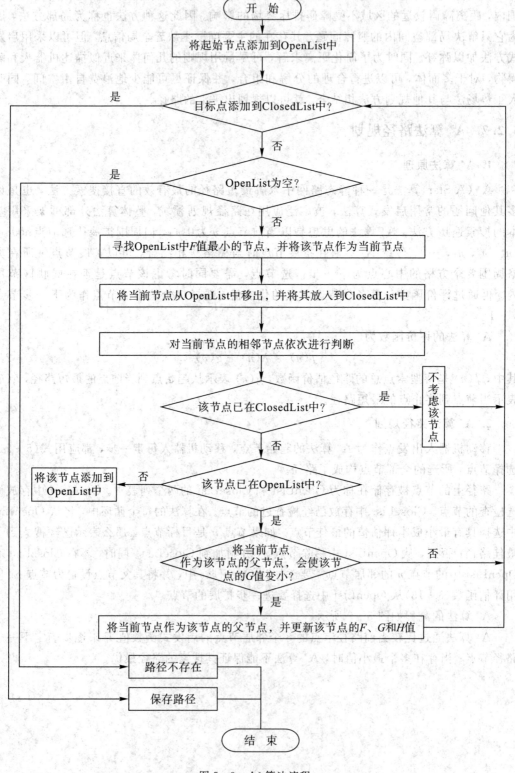

图 5-9 A*算法流程

5.3　移动机器人智能路径规划

近年来，涌现出了很多基于智能方法的路径规划方法。其中应用较多的算法主要有遗传算法、蚁群算法和粒子群算法等。

5.3.1　基于遗传算法的路径规划

1. 遗传算法基本原理

遗传算法最初是从生物学中提炼、总结出来的，后来逐渐用于解决其他实际问题。首先，与生物学中的染色体行为类似，在实际问题中通过合适的方式有选择地保留"父代"中"优秀"(符合某些研究特性)的染色体来遗传给"子代"，来模拟自然界中的自然选择；其次，选择一定数量的父代染色体进行"交叉"操作来提供所求解问题的"新解"，当然，在"交叉"过程中还应当适当保留一定数量的优秀父代染色体不进行交叉操作，以防止错误地将较优解进行交叉操作；最后，在遗传算法中还应当使极少数的父代发生变异操作，因为这样能保证染色体的多样性，可以让遗传算法求得的最优解较难陷入局部最优。

遗传算法有以下 3 个重要概念：

(1)编码。遗传算法首先要解决的就是如何将求解问题映射成数学问题，也就是数学建模，这就需要编码来实现表现型和基因型的映射。一个可行解即被称为一条"染色体"。一个可行解一般由多个变量构成，其中每一个变量被称为染色体上的一个"基因"。一个可行解即为一个个体，许许多多的个体就构成了种群。

(2)适应度评估。采用适应度函数进行适应度评估，通过计算适应度函数的值来表示个体的好坏。适应度评估是遗传算法进化的驱动力，也是进行自然选择的唯一标准。

(3)选择交叉变异。对于给定的初始种群，赋予它进化的能力，在进化中尽可能地保留种群中优秀的个体，淘汰较差的个体；每次进化都会生成一个最优的个体，无止境地进化下去总会找到最优的解。遗传算法进化能力的实现就是遗传算子的作用，通过选择算子、交叉算子、变异算子的操作，实现种群的不断迭代进化。遗传算法路径规划流程如图 5-10 所示。

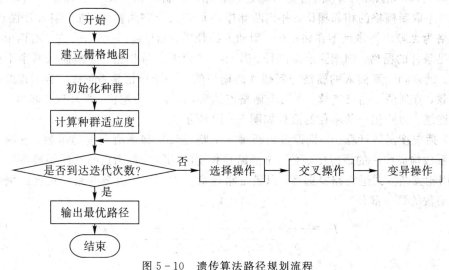

图 5-10　遗传算法路径规划流程

2. 移动机器人路径规划

下面采用一个例子介绍如何应用遗传算法进行移动机器人路径规划。进行移动机器人路径规划之前首先要建立地图,采用栅格法建立移动机器人地图。本例中不考虑障碍物高度问题,移动机器人行走空间为二维平面空间,且障碍物的大小、位置已知,并且不存在动态障碍物。同时,在规划时把移动机器人看作质点。栅格地图如图5-11所示,白色部分为自由栅格,黑色部分为障碍物栅格。在构建栅格地图时,以地图左下角第一个栅格为坐标原点建立直角坐标系,并且从左下角开始每一个栅格从0开始进行编号。每一个编好号码的栅格如图5-10所示,在遗传算法中,此即为十进制编码。可以用此编号来表示一条路径,比如起点为0、终点为24的路径可以表示为(0,6,7,8,13,19,24)。

20	21	22	23	24
15	16	17	18	19
10	11	12	13	14
5	6	7	8	9
0	1	2	3	4

图5-11 栅格地图

移动机器人路径规划的具体过程如下:

(1)编码和种群初始化。移动机器人的起始位置为栅格0,目标位置为栅格99。初始化种群要求随机产生多条可行路径,可行路径为不与障碍物栅格相碰撞的路径。

可行路径的产生分为两个主要步骤:

第一步,产生一条间断路径。移动机器人每次行走一个栅格,因此每一行至少有一个栅格在可行路径中。所以初始化时需先按顺序在每一行随机取出一个无障碍栅格,形成一条间断的路径。为了减短路径长度,路径的第一个和最后一个栅格分别为移动机器人的起始位置和目标位置。

第二步,将间断的路径连接为连续路径。从第一个栅格开始,使用两个栅格的位置差绝对值函数判断相邻的两个栅格是否为连续栅格。若新栅格为障碍物栅格,则以上、下、左、右顺序取新栅格的相邻栅格,并判断此栅格是否已经在路径中(防止陷入死循环);如果此栅格为无障碍栅格且不在路径中,则插入路径中;如果遍历上、下、左、右四个栅格后没有满足条件的栅格,则删除这条路径。若新栅格为无障碍物栅格,则插入两个不连续栅格中间。继续判断新插入的栅格与新插入的栅格的前一个栅格是否连续,若不连续则循环以上步骤,直到两个栅格连续。当两个栅格连续后,取下一个栅格,循环以上步骤,直到整条路径连续。初始化一条路径的流程如图5-12所示。

(2)适应度函数计算。分别设置判断每一个路径长短和平滑程度的函数,这两个函数按比例系数构成统一的适应度函数。全部路径长度的计算用每两点间欧氏距离的总和来表示,选用轮盘赌方式进行路径选择,以满足路径最短的要求,取全部路径长度的倒数作为适应度函数的第一部分:

$$f_1 = \frac{1}{\sum\limits_{i=1}^{end-1} \sqrt{(x_{i+1} - x_i)^2 + (y_{i+1} - y_i)^2}} \tag{5-25}$$

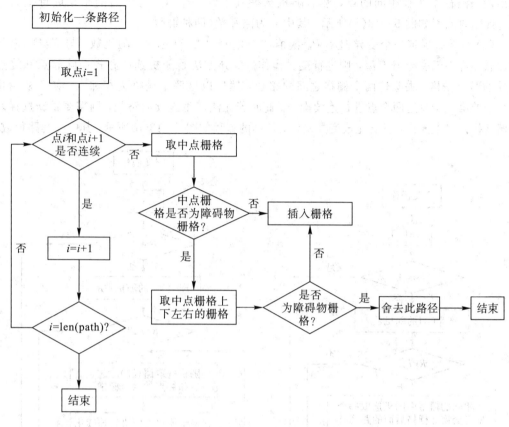

图 5-12　初始化路径流程

移动机器人由于运动学和动力学的约束,行进时拐弯不宜过大,因此产生的路径有平滑度的要求。路径越平滑,每一组相邻的第一点和第三点(简称相邻三点)所形成的夹角越大,角度越大相邻三点之间的距离越大,因此计算路径中所有相邻三点的距离,将其作为适应度函数的第二部分,计算公式如下:

$$f_2 = \sum_{i=1}^{\text{end}-2} \sqrt{(x_{i+2} - x_i)^2 + (y_{i+2} - y_i)^2} \tag{5-26}$$

在实际使用时,适应度函数的两部分需要分别取权重系数 α 和 β,则适应度 f 表示为

$$f = \alpha f_1 + \beta f_2 \tag{5-27}$$

(3)选择。选择方法采用简单的基于概率的轮盘赌方法。首先计算出所有路径个体的适应度函数的和,再计算每一个个体所占的比率,根据每个个体的概率,以轮盘赌的方式选择出下一代个体。比率计算如下:

$$p_i = \frac{f_i}{\sum_{i=1}^{\text{end}} f_i} \tag{5-28}$$

轮盘赌的方式保证了部分非最优的个体,可以有效防止算法陷入局部最优解。

(4)交叉。设定一个交叉概率 P_c 阈值,同时,产生 $0\sim1$ 之间的一个随机数,将此随机数的值和交叉概率阈值比较,若随机数的值小于 P_c,则进行交叉操作。具体的交叉操作是

找出两条路径中所有相同的点,然后随机选择其中的一个点,将之后的路径进行交叉操作。具体的流程如图 5-13(a)所示,其中 n 为路径数(即种群数量)。

(5) 变异。确定一个变异概率 P_m 阈值,产生 $0\sim1$ 之间的一个随机数,与变异概率阈值比较,若小于变异概率值,则进行变异操作。变异方法是随机选取路径中除起点和终点以外的两个栅格,去除这两个栅格之间的路径,然后以这两个栅格为相邻点,使用初始化路径中的第二步将这两个点进行连续操作。此时若无法产生连续的路径,则需要重新选择两个栅格执行以上操作,直到完成变异操作。具体的流程如图 5-13(b)所示,其中 n 为路径数。

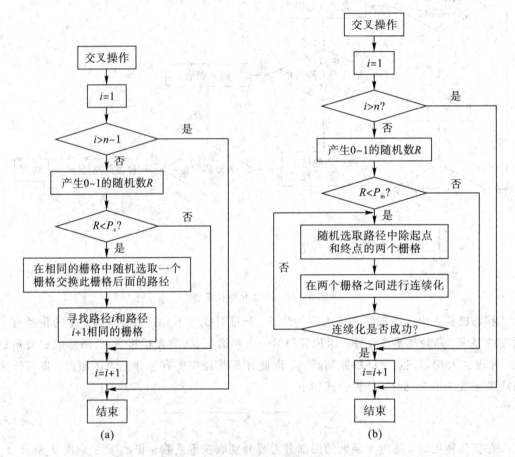

图 5-13　交叉和变异流程

读者可以在 20×20 的栅格地图上进行起点为 0 栅格、终点为 399 栅格的实验。其中 $P_c=0.8$,$P_m=0.2$,路径长度和路径平滑度函数系数分别为 3 和 1。

5.3.2　基于蚁群算法的路径规划

1. 蚁群算法原理

蚂蚁作为群居昆虫,通过蚁群间的协作和配合共同完成东西搬运、食物源寻找等行为。在此过程中,蚁群中的蚂蚁个体都会在走过的地点上释放一种化学物质,即信息激素。研究发现,蚁群间的相互协作过程就是信息素的累积过程,蚂蚁总是能感应到哪里的信息素浓度高,并在这种信息引导下进行移动;通过该方式,蚁群总是能够搜索到食物源距离巢穴的最短路径。

蚁群算法的原理可以描述如下：

在蚂蚁运动过程中，蚂蚁的移动方向是由各条路径上的信息量所决定的，如式(5-29)所示，路径上残留的信息素浓度和路径上的距离启发式信息决定了蚂蚁选择该路径的概率大小。

$$p_{ij}^{k}(t) = \begin{cases} \dfrac{[\tau_{ij}(t)]^{\alpha} \cdot [\eta_{ik}(t)]^{\beta}}{\displaystyle\sum_{s \in \text{allowed}_k} [\tau_{is}(t)]^{\alpha} \cdot [\eta_{is}(t)]^{\beta}}, & j \in \text{allowed}_k \\ 0, & \end{cases} \tag{5-29}$$

其中，τ_{ij} 表示路径(i, j)上残留的信息素浓度，α 表示信息素启发因子，反映蚂蚁在搜索过程中路径上的信息素浓度对选择该路径的相对重要程度。若 α 过小，则算法不但收敛速度过慢，而且易陷入局部最优；若 α 过大，则信息素的正反馈作用过强，算法会出现全局搜索能力低，过早收敛，陷入局部最优状况。η_{ij} 表示蚂蚁从 i 转移到 j 的期望程度，β 是期望启发式因子，反映启发式信息在指导蚁群搜索过程中的相对重要程度。若 β 过小，则蚁群会陷入纯粹的随机搜索之中，找到最优解的难度增大，收敛过慢；若 β 过大，则算法的收敛速度提高，但收敛性能可能变差。

为避免信息素浓度过大而淹没启发式信息，需要在所有蚂蚁走过一个循环后，对路径上残留的信息素进行更新处理。$t+n$ 时刻在路径(i, j)上的信息素浓度可以按照式(5-30)、式(5-31)进行调整。

$$\tau_{ij}(t+n) = (1-\rho) \cdot \tau_{ij}(t) + \Delta\tau_{ij}(t) \tag{5-30}$$

$$\Delta\tau_{ij}(t) = \sum_{k=1}^{m} \Delta\tau_{ij}^{k}(t) \tag{5-31}$$

其中，ρ 表示信息素挥发因子，路径上的信息素不会持久存在，而会随着时间挥发掉一部分，因此信息素挥发因子的大小对蚁群算法的全局搜索能力和收敛速率有着直接的影响；当 ρ 过小时，算法具有较强的全局搜索能力和随机性，但收敛速度慢；当 ρ 过大时，蚂蚁已搜索过的路径再次被选择的概率增大，全局搜索能力较弱。ρ 是一个比值，它的取值范围在 0~1 之间。

根据信息素更新问题，存在三种不同的模型，分别是蚁密系统(Ant-Density System)模型、蚁量系统(Ant-Quantity System)模型和蚁周系统(Ant-Cycle System)模型，其主要区别在于 $\Delta\tau_{ij}(t)$ 的计算方式不同。

(1) 蚁密系统模型：

$$\Delta\tau_{ij}^{k}(t) = \begin{cases} \dfrac{Q}{L_k}, & \text{若第 } k \text{ 只蚂蚁在本循环中经过}(i, j) \\ 0, & \text{其他} \end{cases} \tag{5-32}$$

(2) 蚁量系统模型：

$$\Delta\tau_{ij}^{k}(t) = \begin{cases} \dfrac{Q}{d_{ij}}, & \text{若第 } k \text{ 只蚂蚁在 } t \text{ 和 } t+1 \text{ 之间经过}(i, j) \\ 0, & \text{其他} \end{cases} \tag{5-33}$$

(3) 蚁周系统模型：

$$\Delta\tau_{ij}^{k}(t) = \begin{cases} Q, & \text{若第 } k \text{ 只蚂蚁在 } t \text{ 和 } t+1 \text{ 之间经过}(i, j) \\ 0, & \text{其他} \end{cases} \tag{5-34}$$

相较于其他群智能算法，蚁群算法中存在较多的参数量，如信息素强度 Q、信息素挥发因子 ρ、信息素启发因子 α、期望启发式因子 β 等，这些参数的设定对蚁群算法的性能有着直接的影响，但参数的选择尚无严格的系统理论依据，还没有各参数的最优组合的设定方式，只能依据经验确定范围，依据算法效果调整大小。

2. 蚁群算法的基本步骤

（1）设置相关参数并初始化。在利用蚁群算法求解问题之前，要先定义算法中所包含的所有参数，并指出每一个参数的含义，并结合实际案例逐一进行赋值操作。在基本蚁群算法中，需要进行初始化的参数有总迭代次数、种群规模、信息素挥发系数等。

（2）生成可行初始路径。蚁群算法只能对给定的路径逐步进行优化操作，但是无法直接生成可行初始路径，所以需要按照一定的规则生成一条可行的初始路径。

（3）更新信息素浓度。每当蚁群更新了一次路径之后，就要在更新后的路径上根据一定的规则来更新信息素浓度，蚂蚁根据信息素浓度的大小来确定下一步的路径。

（4）更新阶段性最优路径。在完成信息素浓度的更新之后，获取所有路径节点之间的信息素浓度，再根据一定的方式来确定蚂蚁走每一条支路的概率，最终生成阶段性最优路径。

（5）重复步骤（3）和步骤（4），完成设定的迭代次数或达到提前设定的阈值之后，输出最终的最优解。

在 20×20 的栅格地图上进行的蚁群算法路径规划实验结果如图 5-14 所示，图中黑色为障碍物。

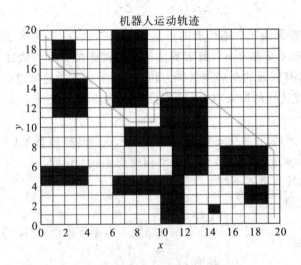

图 5-14　蚁群算法路径规划实验结果

基于蚁群算法的移动机器人的具体实现过程的资料很多，读者可以在 CSDN 网站上自行下载学习。

5.3.3　移动机器人路径规划的发展趋势

随着移动机器人应用的不断发展，路径规划技术面对的环境将更为复杂多变。这就要求路径规划算法具有迅速响应复杂环境变化的能力。这不是目前单个或单方面算法所能解决的问题，因此存在以下趋势：

（1）局部路径规划与全局路径规划相结合。全局路径规划一般建立在已知环境信息的基础上，适用范围相对有限。局部路径规划能适应未知环境，但有时反应速度不够快，所以对局部路径规划系统品质要求较高。因此，如果把两者结合即可达到更好的规划效果。

（2）传统路径规划方法与新的智能方法相结合。近年来，一些新的智能技术逐渐被引入到自主路径规划中来，也促使了各种方法的融合发展，例如人工势场法与神经网络、模糊控制的结合，以及模糊控制与人工神经网络、遗传算法及行为控制之间的结合等。

（3）多传感器信息融合用于局部路径规划。移动机器人在动态环境中进行路径规划所需的信息都是从传感器获得的，单一传感器难以保证输入信息的准确性与可靠性，多传感器所获得的信息具有冗余性、互补性、实时性，且可快速并行分析现场环境。目前多传感器信息融合的方法有采用概率方法表示信息的加权平均法、贝叶斯估计法、卡尔曼滤波法、统计决策理论法，以及仿效生物神经网络的信息处理方法、人工神经网络法等。

（4）局部路径规划与动态环境路径规划相结合。该结合类似足球机器人比赛，需要考虑目标点情况。这类规划由于要考虑机器人及目标点状态，使得规划问题更为复杂，同时也赋予移动机器人更高的自主性以及智能水平。

（5）多智能移动机器人协调规划。该智能技术正在逐渐成为新的研究热点，受到广泛关注。由于障碍物与移动机器人数目的增加，极大地提高了自主路径规划的难度，这是移动机器人技术研究亟需拓展的领域。

5.4　移动机器人常规避障方法

移动机器人在智能方面的一个重要标志就是自主导航，而实现机器人自主导航有一个基本要求——避障。避障是指移动机器人根据采集的障碍物的状态信息，在行走过程中通过传感器感知到妨碍其通行的静态和动态物体时，按照一定的方法进行有效避障，最后到达目标点。实现避障与导航的必要条件是环境感知，在未知或者是部分未知的环境下避障，需要通过传感器获取周围环境信息，包括障碍物的尺寸、形状和位置等信息，因此传感器技术在移动机器人避障中起着十分重要的作用。避障使用的传感器主要有超声传感器、视觉传感器、红外传感器、激光传感器等。常规的避障方法有 BUG 算法、动态窗口法等。

5.4.1　BUG 算法

BUG 算法(Bug Algorithms)是一种最简单的避障算法。其算法原理类似昆虫爬行的运动决策策略。在未遇到障碍物时，沿直线向目标运动；在遇到障碍物时，沿着障碍物边界绕行，并利用一定的判断准则离开障碍物继续直行。这种应激式的算法计算简便，不需要获知全局地图和障碍物形状，具有完备性。但是其生成的路径平滑性不够好，对机器人的各种微分约束适应性比较差。BUG 算法又分为 BUG1 算法和 BUG2 算法。

1. BUG1 算法

BUG1 算法的基本思想是在没有障碍物时，移动机器人沿着直线向目标运动可以得到最短的路线。当传感器检测到障碍物时，移动机器人绕行障碍物，直到能够继续沿直线向目标运动。BUG1 算法只有两个行为：向目标直行和绕着障碍物的边界走。

如图 5-15 所示，假设移动机器人能够计算两点之间的距离，并且不考虑移动机器人的定位误差。起始点和目标点分别为 q_{start} 和 q_{goal}。初始时刻 $i=0$，令 $q_0^L = q_{start}$，并称连接 q_i^L 和 q_{goal} 的线段为 m-line。在没有遇到障碍物时，移动机器人沿着 m-line 朝目标 q_{goal} 直线移动。如果遇到障碍物，则称 q_1^H 点为第一次遇到障碍时的撞击点（Hit Point）。接着，移动机器人环绕障碍物移动，直至返回 q_1^H 点。然后判断出障碍物周边上离目标最近的点，并移动到这个点上，该点称为离开点（Leave Point），用 q_i^L 表示。从 q_i^L 开始移动机器人再次沿直线驶向目标，如果这条线与当前障碍物相交，则不存在到达目标的路径，如图 5-16 所示。

BUG1 算法的效率很低，但可以保证移动机器人能到达任何可达的目标（概率完备）。

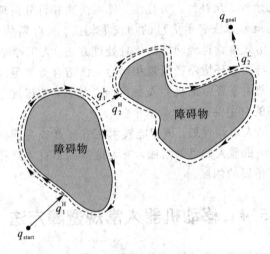

图 5-15　BUG1 算法成功找到路径示意图

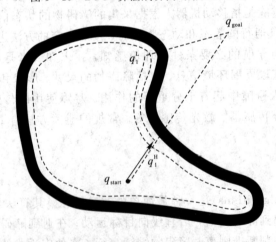

图 5-16　BUG1 算法无法成功找到路径示意图

2. BUG2 算法

BUG2 算法有朝向目标的直行和沿边界绕行两种运动。BUG2 算法中的直线 m-line 是连接初始点和目标点的直线，如图 5-17 所示，计算过程中保持不变。遇到障碍物时移动机器人绕行障碍物，绕行过程中，在距离目标更近的点再次遇到直线 m-line 就停止绕行，而沿着直线 m-line 向目标直行。如此循环，直到移动机器人到达目标点 q_{goal}。在绕行过程中，若未遇到直线 m-line 上与目标更近的 q_i^L 点，则回到 q_i^H 点，那么移动机器人不能到达目标，如图 5 - 18 所示。

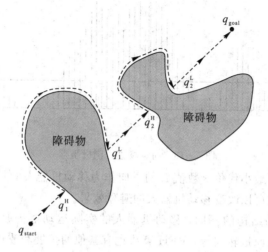

图 5 - 17　BUG2 算法成功找到路径示意图

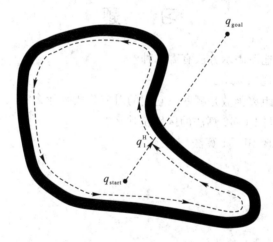

图 5 - 18　BUG2 算法无法成功找到路径示意图

　　评估所有搜索算法的可能性，BUG1 是更彻底的搜索算法，操作更容易预测。在大多数情况下，BUG2 算法比 BUG1 更有效。

5.4.2　向量场直方图法

　　向量场直方图（Vector Field Histogram，VFH）是一种由人工势场法改进而来的移动机器人导航算法。该方法可以用如图 5 - 19 所示的极坐标图描述，x 轴代表移动机器人行走的方向与障碍物之间的角度，y 轴根据占有栅格的多少来计算障碍物在移动机器人运动方向的概率。引入代价函数 L，为所有可以通过的方向赋值。

　　代价函数 L 可以表示为

$$L = k * \theta_{tar} + u * \theta_{wheel} + w * \theta_{bef} \tag{5 - 35}$$

其中 θ_{tar} 表示目标方向角度，θ_{wheel} 表示轮子转动角度，θ_{bef} 表示原来运动方向角度，k、u、w

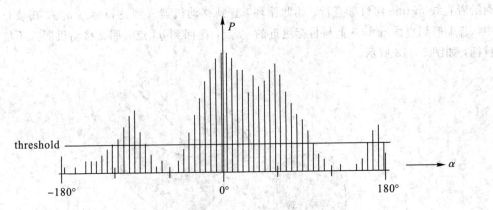

图 5-19　向量场直方图极坐标

为比例系数，选择具有最小代价函数值 L 的方向作为移动机器人的行走方向，进而形成最优路径，调整这些系数可以改变移动机器人的避障效果。

　　由于实际底层运动结构的不同，移动机器人的实际运动能力是受限的，比如汽车结构，就不能随心所欲地原地转向等，VFH 算法也有其他的扩展和改进，本章不再赘述。

习　　题

　　5.1　基本的环境地图表示方法有哪几种？

　　5.2　编写程序实现 A* 算法。

　　5.3　常见的三种距离函数是哪些？它们的对应公式是什么？

　　5.4　BUG1 算法与 BUG2 算法的区别是什么？

　　5.5　编写程序实现 BUG1 算法。

第 6 章　移动机器人同时定位与建图

　　移动机器人的定位需要依靠地图，同时，机器人构建环境地图又需要定位。为了解决定位和建图这个"鸡和蛋"的问题，移动机器人同时定位与建图技术逐渐发展起来。在未知环境中，机器人需要利用自身配备的传感器获得未知环境的信息，在应用环境信息构建环境地图的同时实现机器人自身定位，这就是移动机器人的同时定位与建图（Simultaneous Localization And Mapping，SLAM）技术。SLAM 问题的解决是移动机器人导航问题研究的基础，也是移动机器人真正实现自主能力的关键条件之一。

　　移动机器人 SLAM 技术主要分为基于滤波的 SLAM 技术和基于图优化的 SLAM 技术两类。基于滤波的 SLAM 技术经常用在激光 SLAM 中，基于图优化的方法一般应用于视觉 SLAM。

本章重点

- 卡尔曼滤波 SLAM 算法；
- 粒子滤波 SLAM 算法；
- ORB - SLAM 算法。

6.1　基于滤波的移动机器人 SLAM 简介

　　SLAM 主要研究在对机器人位姿和其环境信息都不具备先验知识的情况下，如何应用合理的表征方法对环境建模（也就是构建地图）并同时确定移动机器人自身位姿。但移动机器人及其工作环境所构成的系统中，存在着系统性误差和非系统性误差，导致了对机器人定位的不确定性，同时，对环境信息的测量也存在不确定性。例如，移动机器人会出现机械结构安装得不精确、运动时轮子打滑等情况，这些情况会使得移动机器人在运动过程中出现不确定性，可以简单地理解为，在这种情况下，根据航迹推算法计算的移动机器人的位置不准确；同时，移动机器人携带的传感器具有测量噪声，也使得观测到的环境信息具有不确定性的特点；另外，这些不确定性会在定位与建图的过程中得到传递。因此，应用随机概率方法解决 SLAM 问题，无论在理论上还是在实际应用中都有不可替代的优势。

　　在应用随机概率方法解决同时定位与地图创建问题时，首先要建立用概率表示的移动机器人运动模型和观测模型，用状态向量表示移动机器人自身的位姿和环境特征的位置，运用滤波技术对移动机器人的位姿和环境特征进行概率估计。机器人所有的可能位姿和环境特征保持概率分布，随着机器人的运动，观测到新的环境数据，概率分布被更新，从而减少机器人位姿估计和环境特征估计的不确定性。高斯分布是最常用的概率分布，在假设机器人位姿和环境特征服从高斯分布的情况下，SLAM 问题转化为状态向量的高斯均值和方差估计问题。使用扩展卡尔曼滤波器估计状态向量的均值和方差的方法在机器人 SLAM 领域得到了学术界的广泛认可。

实际的移动机器人系统是非线性、非高斯的，对于非线性、非高斯的状态估计问题，粒子滤波器（Particl Filter）更具有普遍适用性。粒子滤波器是以一批称为粒子的离散随机采样点的统计样本形式而不是函数形式对概率密度函数进行描述，适用于任何能用状态空间模型表示的系统。将粒子滤波器应用于 SLAM 中时，同样要首先解决计算复杂度问题，Rao‐Blackwellse 粒子滤波器通过对全状态滤波器分解，大大降低了计算复杂度，基于 Rao‐Blackwellse 滤波器的 FastSLAM 算法迅速成为解决 SLAM 问题的典型解决方案，但这一方案存在"粒子退化"与"粒子耗尽"问题，克服"粒子退化"与"粒子耗尽"问题的相关研究工作正在进行。

6.2 基于滤波的移动机器人 SLAM 原理

6.2.1 移动机器人 SLAM 系统状态

在移动机器人实际运动过程中，控制量 u_k 在 $k-1$ 时刻作用于机器人，使机器人在 k 时刻到达状态 X_k，X_k 表示 k 时刻移动机器人位姿（位置和姿态）。在移动机器人运动起始的 0 时刻和 $k-1$ 时刻之间的移动机器人状态序列记为 $X_{0:k-1}=(X_0，X_1，\cdots，X_{k-1})$，在 0 时刻和 $k-1$ 时刻之间的控制量序列可表示为 $u_{0:k-1}=\{u_0，u_1，\cdots，u_{k-1}\}$。环境中景物的外观特征可作为环境状态信息，考虑到存储空间及运算能力，实际问题中只提取景物的关键特征作为环境状态信息，某时刻对应的环境状态记为 $M=\{m_1，m_2，\cdots，m_n\}$，其在与地图中已有的特征匹配后加入地图，系统会逐渐建立起增量地图。移动机器人与环境构成了移动机器人系统，系统状态用 $[X_k \quad M]^{\mathrm{T}}$ 表示，即系统状态包含移动机器人自身的状态和移动机器人环境中景物的特征。

SLAM 问题描述为：在环境信息 M 未知，移动机器人初始位姿 X_0 已知，输入控制量 u_k 给定的前提下，构建地图（由环境信息构成）的同时确定机器人的状态（即位姿）X_k。

对于运动在平面上的移动机器人，在其根据控制量 u_k 而进行的运动中，使用内部传感器即本体感受器，根据里程计进行位置预测，也称为估计；同时根据系统观测模型进行该位置上的观测特征预测；使用外部传感器对环境进行测量，获得观测特征，将该观测特征与预测的观测特征进行匹配，匹配成功的观测特征对移动机器人的位置估计进行修正，得到 X_k；同时，匹配成功的特征信息构建地图，即得到 M。

构建与维护地图时，将当前观测值与地图中元素进行匹配，匹配成功的观测特征直接用来构建地图，当前匹配不成功的观测特征，先加入地图中，若在下一帧观测中仍然匹配不成功，则视为当前帧中不可观测的预测，在地图中删除。SLAM 的通用架构如图 6‐1 所示。

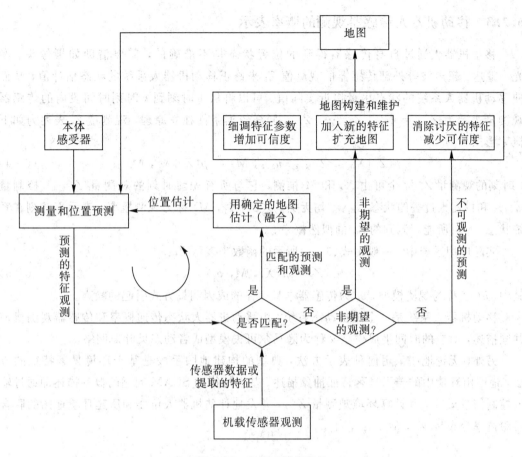

图 6-1　SLAM 通用架构

6.2.2　移动机器人状态的概率描述

移动机器人本身状态 X_k 与移动机器人系统在 k 时刻之前发生的所有事件是概率相关的。k 时刻的移动机器人状态 X_k 的出现是基于所有先前时刻的移动机器人状态 $X_{0:k-1}$、控制量 $u_{0:k-1}$ 和观测量 $Z_{1:k-1}$ 的。因此,移动机器人 X_k 可表示为如下概率形式:

$$p(X_k|X_{0:k-1}, Z_{1:k-1}, u_{0:k-1}) \tag{6-1}$$

由马尔可夫法则,X_{k-1} 可完整地表征 $Z_{1:k-1}$ 和 $u_{0:k-1}$,若 X_{k-1} 已经计算得到,则 X_k 只与 u_k 和 X_{k-1} 有关。根据概率学的条件独立原理,下式成立:

$$p(X_k|X_{0:k-1}, Z_{1:k-1}, u_{0:k-1}) = p(X_k|X_{k-1}, u_k) \tag{6-2}$$

其中 $p(X_k|X_{k-1}, u_k)$ 称为移动机器人的状态传递概率,表示 k 时刻移动机器人的起始状态为 X_{k-1},在输入控制量 u_k 后到达状态 X_k 的概率。实际应用系统中,一般用式(6-3)所示的函数来表征该状态传递概率。

$$X_k = f(X_{k-1}, u_k, \omega_k) \tag{6-3}$$

式(6-3)被称为机器人运动模型或状态传递模型,其中,$f(\cdot)$ 称为状态传递函数,一般为非线性函数;ω_k 用来表示建模误差或控制量噪声的加性噪声。

6.2.3　移动机器人传感器观测的概率表示

移动机器人通过自身传感器得到的位置状态是不准确的，需要借助如摄像头、激光、雷达、超声波等外部传感器的观测值 Z_k 来修正移动机器人系统的状态估计值，从而使移动机器人系统的状态尽量接近实际值。可以将从 1 时刻到 k 时刻时间段内的传感器观测量表示为 $Z_{1:k} = \{Z_1, Z_2, \cdots, Z_k\}$，同样依据条件独立原理，观测量 Z_k 表述为如下概率形式：

$$p(Z_k | X_{0:k}, Z_{1:k-1}, u_{0:k}, M) = p(Z_k | X_k, M) \qquad (6-4)$$

k 时刻的观测量 Z_k 完全可由 X_k 和 M 推测，它与所有先前时刻的观测量 $Z_{1:k-1}$、控制量 $u_{0:k-1}$ 和机器人过去的状态 $X_{0:k-1}$ 均无关。$p(Z_k | X_k, M)$ 称为观测概率，表示 k 时刻在系统状态 X_k 时所能观测到的 Z_k 的似然概率。

实际应用系统中，一般用式(6-5)所示的函数来表示 Z_k：

$$Z_k = h(X_k, M, v_k) \qquad (6-5)$$

其中，$h(\cdot)$ 称为观测模型，v_k 为传感器本身存在的或因测量方式引起的噪声。

移动机器人系统是一个随机动态系统，由移动机器人状态传递概率和传感器观测概率共同描述，对应的时间生成模型又称为隐马尔可夫模型或者动态贝叶斯网络。

另外，无论地图采用何种表示方法，典型的构建地图手段是基于环境显著特征的方法，地图由环境中的若干显著特征抽象描述。基于特征的 SLAM 问题的概率描述即通过输入控制信息 $u_{0:k-1}$ 和计算环境观测量 $Z_{1:k}$，并发地评估机器人位姿和所建环境地图的联合后验概率分布 $p(X_k, M | Z_{1:k}, u_{0:k-1})$。

6.3　基于滤波的移动机器人 SLAM 滤波算法框架

移动机器人 SLAM 将移动机器人状态传递概率模型、移动机器人传感器观测概率模型和对地图的概率描述关联为系统，依托特定的滤波方法实现移动机器人系统的状态估计。贝叶斯滤波是解决状态估计问题的最基础的滤波算法，该算法通过参数化的滤波算法（如卡尔曼滤波）实现。

6.3.1　贝叶斯滤波的时间更新

贝叶斯法则是贝叶斯滤波推导的基础，根据概率问题中的边缘概率法则，k 时刻系统的后验概率可分解为

$$p(X_k, M | Z_{1:k-1}, u_{0:k}, X_0) = \int p(X_k, X_{k-1}, M | Z_{1:k-1}, u_{0:k}, X_0) \mathrm{d}X_{k-1} \quad (6-6)$$

由条件概率的链式法则，有下式：

$$p(X_k, X_{k-1}, M | Z_{1:k-1}, u_{0:k}, X_0)$$
$$= p(X_k | X_{k-1}, M, Z_{1:k-1}, u_{0:k}, X_0) p(X_{k-1}, M | Z_{1:k-1}, u_{0:k}, X_0) \qquad (6-7)$$

由于移动机器人的运动是马尔可夫性的，X_k 仅与 X_{k-1} 和 u_k 有关，所以有

$$p(X_k | X_{k-1}, M, Z_{1:k-1}, u_{0:k}, X_0) = p(X_k | X_{k-1}, u_k) \qquad (6-8)$$

式(6-8)也称为移动机器人状态传递模型或移动机器人运动模型，是式(6-3)的概率表示。又因为 X_{k-1} 与 k 时刻的控制量 u_k 无关，则

$$p(X_{k-1}, M | Z_{1:k-1}, u_{0:k}, X_0) = p(X_{k-1}, M | Z_{1:k-1}, u_{0:k-1}, X_0) \quad (6-9)$$

由此当已知 $k-1$ 时刻的联合后验概率 $p(X_{k-1}, M | Z_{1:k-1}, u_{1:k-1}, X_0)$ 和 k 时刻的控制量 u_k 后，将式(6-8)和式(6-9)代入式(6-7)，得到

$$p(X_k, M | Z_{1:k-1}, u_{0:k}, X_0)$$
$$= \int p(X_k | X_{k-1}, u_k) p(X_{k-1}, M | Z_{1:k-1}, u_{0:k}, X_0) \mathrm{d}X_{k-1} \quad (6-10)$$

式(6-10)也称为贝叶斯滤波的时间更新过程。

6.3.2 贝叶斯滤波的测量更新

若传感器在 k 时刻的观测量为 Z_k，由贝叶斯法则可知下式成立：

$$p(X_k, M | Z_{1:k}, u_{0:k}, X_0)$$
$$= p(X_k, M | Z_k, Z_{1:k}, u_{0:k}, X_0)$$
$$= \frac{p(Z_k | X_k, M, Z_{1:k}, u_{0:k}, X_0) p(X_k, M | Z_{1:k}, u_{0:k}, X_0)}{p(Z_k | Z_{1:k}, u_{0:k}, X_0)}$$
$$= \frac{p(Z_k | X_k, M, Z_{1:k}, u_{0:k}, X_0) \int p(X_k | X_{k-1}, u_k) p(X_{k-1}, M | Z_{1:k}, u_{0:k}, X_0) \mathrm{d}X_{k-1}}{p(Z_k | Z_{1:k}, u_{0:k}, X_0)}$$

$$(6-11)$$

按照马尔可夫假设，观测量 Z_k 条件独立于过去的观测量 $Z_{1:k-1}$ 和控制量 u_k，有下式成立：

$$p(Z_k | X_k, M, Z_{1:k-1}, u_{0:k}, X_0) = p(Z_k | X_k, M) \quad (6-12)$$

式(6-12)即传感器观测模型，是式(6-5)的概率描述。将式(6-7)代入式(6-6)，可得到

$$p(X_k, M | Z_{1:k}, u_{0:k}, X_0)$$
$$= p(X_k, M | Z_k, Z_{1:k-1}, u_{0:k}, X_0)$$
$$= \frac{p(Z_k | X_k, M) p(X_k, M | Z_{1:k-1}, u_{0:k}, X_0)}{p(Z_k | Z_{1:k-1}, u_{0:k}, X_0)}$$
$$= \frac{p(Z_k | X_k, M) \int p(X_k | X_{k-1}, u_k) p(X_{k-1}, M | Z_{1:k}, u_{0:k}, X_0) \mathrm{d}X_{k-1}}{p(Z_k | Z_{1:k}, u_{0:k}, X_0)} \quad (6-13)$$

其中，$\dfrac{1}{p(Z_k | Z_{1:k-1}, u_{0:k}, X_0)}$ 与 X 无关，用 η 表示，称为正则化参数。

则可将式(6-13)表示为

$$p(X_k, M | Z_{1:k}, u_{0:k}, X_0) = \eta p(Z_k | X_k, M) p(X_k, M | Z_{1:k-1}, u_{0:k}, X_0) \quad (6-14)$$

式(6-14)描述了贝叶斯滤波的测量更新过程。

由上述推导可见，贝叶斯滤波表现为基于时间更新和测量更新的迭代过程，这两个过程也可以分别称为预测过程和更新过程。

贝叶斯滤波是 SLAM 问题滤波算法的基础，但它很难直接用于工程实现，因此，

SLAM 问题中的滤波算法依托具体的表现形式来实现。使用概率方法解决的 SLAM 问题，普遍假设状态向量服从高斯分布，对应这种高斯假设的滤波器首推（扩展）卡尔曼滤波，（扩展）卡尔曼滤波用向量均值和向量协方差矩阵表示的参数化的高斯分布描述估计对象。用有限的参数描述的运动模型不能完全描述机器人在作业环境下的运动过程以及因传感器测量存在的误差而造成的系统固有的不确定性，这种不确定性在（扩展）卡尔曼滤波中用协方差矩阵描述。基于（扩展）卡尔曼滤波的 SLAM 表现为一个循环迭代的估计—校正过程：首先通过运动模型与观测模型分别估计移动机器人的可能位姿与可能的环境特征，再根据实际观测确定实际观测和估计观测之间的误差，综合系统误差、协方差修正估计的移动机器人位姿，得到尽可能准确的移动机器人位姿和地图，最后将新观测到的环境特征加入地图。

6.4　基于滤波的移动机器人及环境的模型

移动机器人及其作业环境的数学模型是实现同时定位与地图构建的基础，在多年的 SLAM 研究发展历程中，研究者建立了适用于不同环境的系统模型、机器人运动模型、传感器观测模型、地图模型、运动噪声模型和观测噪声模型等多种系统模型。模型中只考虑了移动机器人的正常状态，对于打滑及震动、路面高低不平等因素未做考虑。

6.4.1　移动机器人运动模型

移动机器人的运动模型是计算移动机器人运行轨迹的理论依据，本节介绍其中的两种模型：基于里程计的运动模型和基于控制命令的运动模型。

1. 基于里程计的运动模型

里程计在移动机器人航迹推算中有广泛的应用。移动机器人位姿变化的大小通过安装在其驱动车轮上的光电编码器来推算，根据编码器码盘输出的脉冲个数、码盘转数和车轮半径，计算出驱动车轮在给定时间内转过的弧度，进而计算出驱动车轮运动的距离。设 Δt 时间内光码盘输出的脉冲数为 N，光码盘为 p 线/转，驱动车轮半径为 r，则该驱动车轮运动的距离 Δd 为

$$\Delta d = 2 \times \left(\frac{N}{p}\right) \times \pi r \tag{6-15}$$

对于具有两个驱动轮的轮式移动机器人，假设按照式（6-15）计算出的左右两个驱动车轮的移动距离分别为 Δd_{L} 和 Δd_{R}，移动机器人从状态 $\boldsymbol{X}_k = [x_k, y_k, \varphi_k]^{\mathrm{T}}$ 移动到状态 $\boldsymbol{X}_{k+1} = [x_{k+1}, y_{k+1}, \varphi_{k+1}]^{\mathrm{T}}$，则移动机器人的移动距离可以表示为 $\Delta D = (\Delta d_{\mathrm{L}} + \Delta d_{\mathrm{R}})/2$，移动机器人转动的角度为 $\Delta \varphi = (\Delta d_{\mathrm{L}} - \Delta d_{\mathrm{R}})/L$，其中 L 为移动机器人车轮间距。

如图 6-2 所示，若使用移动机器人移动距离和转动的角度来表示移动机器人的输入控制变量 $\boldsymbol{u}_k = [\Delta D_k, \Delta \varphi_k]^{\mathrm{T}}$，移动机器人的运动半径可表述为

$$R_k = \frac{\Delta D_k}{\Delta \varphi_k} \tag{6-16}$$

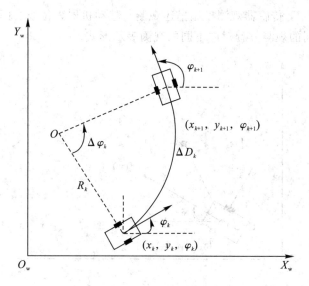

图 6-2　移动机器人运动模型

在移动机器人运动中，基于里程计的运动模型同时考虑了移动机器人移动的距离变化和转动的方向角变化，更有效地逼近移动机器人运动的实际轨迹。基于里程计的移动机器人运动模型可由图 6-2 推知并描述为

$$X_{k+1} = f(X_k, u_k, \omega_k)$$

$$= \begin{bmatrix} x_k + \dfrac{\Delta D_k}{\Delta \varphi_k}(\cos(\varphi_k + \Delta \varphi_k) - \cos\varphi_k) \\ y_k + \dfrac{\Delta D_k}{\Delta \varphi_k}(\sin(\varphi_k + \Delta \varphi_k) - \sin\varphi_k) \\ \varphi_k + \Delta \varphi_k \end{bmatrix} + \omega_k \tag{6-17}$$

其中，在时间 Δt 内，机器人路径为弧长 ΔD_k，偏转角度为 $\Delta \varphi_k$。当向逆时针方向运动时，$\Delta \varphi_k$ 为正；如果向顺时针方向运动，则 $\Delta \varphi_k$ 为负值。

2. 基于控制命令的运动模型

当可以得到移动机器人运动的线速度和偏转角（v_k, $\Delta \varphi_k$）时，由线速度和偏转角组成输入控制变量 $\boldsymbol{u}_k = [v_k, \Delta \varphi_k]^{\mathrm{T}}$ 的移动机器人运动模型表示为

$$X_{k+1} = f(X_k, u_k, \omega_k) = \begin{bmatrix} x_k + v_k \Delta T \cos(\varphi_k + \Delta \varphi_k) \\ y_k + v_k \Delta T \sin(\varphi_k + \Delta \kappa_k) \\ \varphi_k + \dfrac{v_k \Delta \mathrm{T}}{L} \sin\Delta \varphi_k \end{bmatrix} + \omega_k \tag{6-18}$$

其中，ΔT 是移动机器人运动的时间周期。

运动模型的不精确、里程计的漂移、轮子打滑以及移动机器人震动带来误差之间并非完全独立且会随着时间的增长无限累积，使得 SLAM 对地图和位姿的估计都有很强的不确定性，因而需要依靠移动机器人配备的外部传感器进行校正。

6.4.2　传感器观测模型

在 SLAM 过程中，用于环境观测的移动机器人外部传感器可以是声呐、激光以及摄像

机等。如图 6-3 所示，传感器观测模型描述观测与移动机器人位姿之间的关系，一般表达式如式(6-5)，不同的观测方程对应不同的观测表示形式。

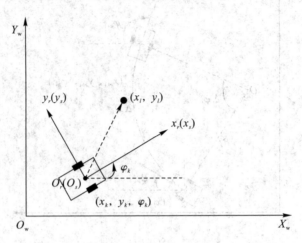

图 6-3　传感器观测模型

由第 3 章机器人传感器的内容可知，具有环境观测传感器的移动机器人系统，完全能够获得环境特征点在移动机器人坐标系中的位置 $[x_l, y_l]^T$ 或在世界坐标系中的位置 $[x_w, y_w]^T$。SLAM 中对应着多种传感器观测模型，如在移动机器人坐标系下的极坐标表示法、笛卡尔坐标表示法，在世界坐标系下的笛卡尔坐标表示法等。基于不同的观测值，有不同的观测方程。现只介绍以下两种模型。

1. 基于移动机器人坐标系的极坐标表示法观测模型

通过移动机器人携带的传感器观测得到坐标为 $[x_l, y_l]^T$ 的特征点，在移动机器人坐标系下的模型可写为

$$Z_k = \begin{bmatrix} \sqrt{(x_l - x_r)^2 + (y_l - y_r)^2} \\ \arctan \dfrac{y_l - y_r}{x_l - x_r} - \varphi_r \end{bmatrix} + v_k \qquad (6-19)$$

其中 v_k 为传感器本身存在的或因测量方式引起的噪声。

2. 基于全局坐标系的观测模型

把在移动机器人坐标系中某个环境特征点的坐标 $[x_l, y_l]^T$ 转换到世界坐标系下，就得到观测量在世界坐标系中的坐标 $[x_w, y_w]^T$ 的观测方程，即移动机器人系统的观测模型：

$$Z_k = \begin{bmatrix} x_w \\ y_w \end{bmatrix} = \begin{bmatrix} x_r + x_l \cos\varphi_r - y_l \sin\varphi_r \\ y_r + x_l \sin\varphi_r + y_l \cos\varphi_r \end{bmatrix} + v_k \qquad (6-20)$$

其中 v_k 为传感器本身存在的或因测量方式引起的噪声。

6.5　移动机器人卡尔曼滤波 SLAM 算法

移动机器人系统含有 n 维的状态向量 X_k、m 维的观测序列 Z_k、m 维的观测噪声 v_k 和 n

维的过程噪声序列 $\pmb{\omega}_k$，在系统是线性离散的假设条件下，$\pmb{F}_k$ 是系统 $n \times n$ 维的状态转移矩阵，$\pmb{B}_k$ 是系统的输入控制矩阵，$\pmb{H}_k$ 表示 $m \times n$ 维的观测矩阵，$\pmb{u}_k$ 用来表示系统的输入控制向量，此系统的状态方程和观测方程可以表示为

$$\pmb{X}_k = \pmb{F}_k \pmb{X}_{k-1} + \pmb{B}_k \pmb{u}_{k-1} + \pmb{\omega}_k \tag{6-21}$$

$$\pmb{Z}_k = \pmb{H}_k \pmb{X}_k + \pmb{v}_k \tag{6-22}$$

过程噪声 $\pmb{\omega}_k$ 和观测噪声 $\pmb{v}_k$ 满足高斯白噪声假设，即

$$\pmb{\omega}_k \sim N(0, \pmb{Q}_k) \tag{6-23}$$

$$\pmb{v}_k \sim N(0, \pmb{R}_k) \tag{6-24}$$

其中，$\pmb{Q}_k$ 为 $\pmb{\omega}_k$ 的协方差矩阵，$\pmb{R}_k$ 为 $\pmb{v}_k$ 的协方差矩阵。

系统通过 $k-1$ 时刻的状态值获得 k 时刻的状态和协方差的先验估计的过程称为系统的时间更新（式（6-21））。利用 k 时刻的观测对上述先验估计进行校正的过程则称为测量更新（式（6-22）），校正后的系统状态和协方差矩阵就成为 $k+1$ 时刻的先验估计。将非线性状态转移函数 $f(\cdot)$ 和观测函数 $h(\cdot)$ 围绕移动机器人当前状态估计值 $\pmb{X}_k$ 扩展成泰勒级数形式，并略去其二次幂及其高阶小项，得到近似线性化模型，从而实现非线性系统的线性化，并运用卡尔曼滤波算法框架递推计算移动机器人系统状态，即扩展卡尔曼滤波（Extended Kalman Filter，EKF）SLAM 算法。

基于扩展卡尔曼滤波的 SLAM（EKF-SLAM）算法，可以详细描述为以下 5 个步骤：

（1）由 $k-1$ 时刻的移动机器人状态和控制命令 u_k 计算 k 时刻的状态 $\overline{\pmb{X}}_k$ 及误差协方差 $\overline{\pmb{P}}_k$：

$$\overline{\pmb{X}}_k = \begin{bmatrix} f(\pmb{X}_{k-1}, \pmb{u}_k) \\ \pmb{M} \end{bmatrix} \tag{6-25}$$

$$\overline{\pmb{P}}_k = \begin{bmatrix} \overline{\pmb{P}}_{rr_k} & \overline{\pmb{P}}_{rl_k} \\ [\overline{\pmb{P}}_{rl_k}]^{\mathrm{T}} & \overline{\pmb{P}}_{ll_k} \end{bmatrix}$$

$$= \begin{bmatrix} \pmb{F}_k \pmb{P}_{rr_{k-1}} \pmb{F}_k^{\mathrm{T}} + \pmb{Q}_k & \pmb{F}_k \pmb{P}_{rl_{k-1}} \\ [\pmb{F}_k \pmb{P}_{rl_{k-1}}]^{\mathrm{T}} & \pmb{P}_{ll_{k-1}} \end{bmatrix} \tag{6-26}$$

其中，r 代表机器人，l 表示环境。

（2）应用传感器获得 k 时刻的对环境特征的实际观测值 $\pmb{Y}_k$。

（3）根据移动机器人位姿预测与实际观测计算得到观测预测 $\overline{\pmb{Z}}_k$。

（4）计算信息 $\pmb{\Lambda}_k$ 和增益 $\pmb{K}_k$：

$$\pmb{\Lambda}_k = \pmb{Y}_k - \overline{\pmb{Z}}_k \tag{6-27}$$

$$\pmb{K}_k = \overline{\pmb{P}}_k \pmb{H}_k^{\mathrm{T}} (\pmb{H}_k \overline{\pmb{P}}_k \pmb{H}_k^{\mathrm{T}} + \pmb{R}_k)^{-1} \tag{6-28}$$

（5）状态更新：

$$\pmb{X}_k = \overline{\pmb{X}}_k + \pmb{K}_k [\pmb{Y}_k - \pmb{Z}_k] \tag{6-29}$$

$$\pmb{P}_k = (\pmb{I} - \pmb{K}_k \pmb{H}_k) \pmb{P}_{k-1} \tag{6-30}$$

澳大利亚机器人中心提供了"Car Park Dataset"标准数据集，用以进行 EKF-SLAM 算

法实验。该数据集可以在其网站下载得到。实验用的智能车上安装了 GPS、激光雷达和惯导三种传感器，惯导测量车辆左后轮线速度及车辆舵角，激光雷达则测量路标的距离和方向，智能车在运动过程中的经纬度通过 GPS 记录。"Car Park Dataset"数据集记录了智能车在实验场地东北部 45 m×30 m 的区域中行驶约 2 分钟的过程中各传感器的测量值。数据由三部分组成：一部分是智能车在运动过程中的 GPS 信息，记录智能车的运动路径，虽然有一定的误差，一般仍被作为从总体上对 SLAM 算法的性能进行评估的参考标准；第二部分是惯导传感器在各个时刻的测量值，代入智能车的运动方程则可预测智能车在下一个时刻的位姿；第三部分是激光雷达在各个时刻对人工路标的观测数据，通过提取观测特征并进行数据关联，最终根据观测数据值和数据关联的结果来修正地图估计和智能车的位姿估计。

实验结果如图 6 - 4 所示，其中，虚线表示运动过程中的智能车采集的 GPS 信息，实线表示智能车的估计路径，星点对应人工路标的估计位置，圆圈表示人工路标位置。

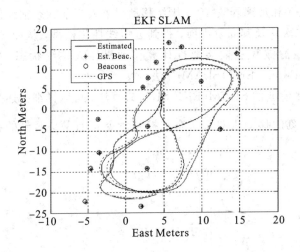

图 6 - 4 "Car Park Dataset"数据集的 EKF-SLAM 结果

6.6 移动机器人粒子滤波 SLAM 算法

实际上，假设状态和噪声符合高斯分布的卡尔曼系列滤波器在应用于非线性非高斯的机器人系统中时会引入较大的估计误差，粒子滤波器（Particle Filter，PF）则对非线性非高斯的真实移动机器人系统具有很好的适应性。PF 是非参数化贝叶斯滤波的一种具体实现形式，通过蒙特卡罗方法实现。

6.6.1 蒙特卡罗采样

对于要解决的问题，蒙特卡罗方法首先建立一个概率模型，使概率模型的参数等于问题的解，通过对模型的观察或抽样试验来计算所求参数的统计特征，最后给出所求解的近似值。蒙特卡罗方法通过随机试验求解积分问题，将服从分布密度函数 $p(r)$ 的随机变量 $g(r)$ 的数学期望 $E(g(r))$ 作为所要求解的积分，如下式所示：

$$E(g(r)) = \int p(r)g(r)\mathrm{d}r \qquad (6-31)$$

从分布密度函数 $p(r)$ 中通过某种试验获得采样 N 个观测值和 N 个相应的随机变量值 $g(r_i)$，$i = 1，\cdots，N$ 的算术平均值作为积分的估计值。

$$\bar{g}_N = \frac{1}{N} \sum_{i=1}^{N} g(r_i) \qquad (6-32)$$

当采样点 N 足够大时，根据大数定律，$\bar{g}_N$ 趋于数学期望 $E(g)$。

6.6.2　重要性采样

蒙特卡罗采样需要从后验概率分布 $p(r)$ 中采样 N 个点，对于移动机器人系统，移动机器人位置估计 $E(g(X_{0:k}))$ 可以表示为

$$E(g(X_{0:k})) = \int g(X_{0:k})p(X_{0:k}|Z_{1:k})\mathrm{d}X_{0:k} \qquad (6-33)$$

但在移动机器人系统中，因为系统的后验分布密度函数 $p(X_{0:k}|Z_{1:k})$ 无法直接获得，因此对系统状态的估计无法通过蒙特卡罗方法采样后验分布密度函数来进行。但可以对系统中一个已知的并且容易采样的概率分布 $q(X_{0:k}|Z_{1:k})$ 函数进行采样，该概率分布 $q(X_{0:k}|Z_{1:k})$ 函数被称为重要性采样(Importance Sampling, IS)分布或者重要性函数。通过对由重要性函数 $q(X_{0:k}|Z_{1:k})$ 的采样点进行加权来逼近 $p(X_{0:k}|Z_{1:k})$，具体推导如下：

$$
\begin{aligned}
E(g(X_{0:k})) &= \int g(X_{0:k})p(X_{0:k}|Z_{1:k})\mathrm{d}X_{0:k} \\
&= \int g(X_{0:k})\frac{p(X_{0:k}|Z_{1:k})}{q(X_{0:k}|Z_{1:k})}q(X_{0:k}|Z_{1:k})\mathrm{d}X_{0:k} \\
&= \int g(X_{0:k})\frac{p(Z_{1:k}|X_{0:k})p(X_{0:k})}{q(X_{0:k}|Z_{1:k})p(Z_{1:k})}q(X_{0:k}|Z_{1:k})\mathrm{d}X_{0:k} \\
&= \int g(X_{0:k})\frac{w_k(X_{0:k})}{p(Z_{1:k})}q(X_{0:k}|Z_{1:k})\mathrm{d}X_{0:k} \qquad (6-34)
\end{aligned}
$$

式中，

$$w_k(X_{0:k}) = \frac{p(Z_{1:k}|X_{0:k})p(X_{0:k})}{q(X_{0:k}|Z_{1:k})} \qquad (6-35)$$

其中，$w_k(X_{0:k})$ 称为未归一化的重要性权值。另外，$p(Z_{1:k})$ 可以表示为

$$
\begin{aligned}
p(Z_{1:k}) &= \int p(Z_{1:k}, X_{0:k})\mathrm{d}X_{0:k} \\
&= \int p(Z_{1:k}|X_{0:k})p(X_{0:k})\mathrm{d}X_{0:k} \\
&= \int p(Z_{1:k}|X_{0:k})p(X_{0:k})\frac{q(X_{0:k}|Z_{1:k})}{q(X_{0:k}|Z_{1:k})}\mathrm{d}X_{0:k} \\
&= \int w_k(X_{0:k})q(X_{0:k}|Z_{1:k})\mathrm{d}X_{0:k} \qquad (6-36)
\end{aligned}
$$

由式(6-35)和式(6-36)可推导得

$$E(g(X_{0:k})) = \frac{\int g(X_{0:k}) w_k(X_{0:k}) q(X_{0:k}|Z_{1:k}) \mathrm{d}X_{0:k}}{\int w_k(X_{0:k}) q(X_{0:k}|Z_{1:k}) \mathrm{d}X_{0:k}} \quad (6-37)$$

如果能够从重要性函数式 $q(X_{0:k}|Z_{1:k})$ 采样到样本点，则式(6-37)通过蒙特卡罗采样后的表示为

$$\overline{E(g(X_{0:k}))} = \frac{\frac{1}{N}\sum_{i=1}^{N} g(X_{0:k}^i) w_k(X_{0:k}^i)}{\frac{1}{N}\sum_{i=1}^{N} w_k(X_{0:k}^i)}$$

$$= \sum_{i=1}^{N} g(X_{0:k}^i) \tilde{w}_k(X_{0:k}^i) \quad (6-38)$$

其中，$\tilde{w}_k(X_{0:k}^i) = \dfrac{w_k(X_{0:k}^i)}{\sum_{i=1}^{N} w_k(X_{0:k}^i)}$ 称为归一化权值。

可以看出，重要性函数和后验分布密度函数的概率密度相同，获取样本的数据域相同。

6.6.3　序列重要性采样

重要性函数 $q(X_{0:k}|Z_{1:k})$ 可以分解为

$$q(X_{0:k}|Z_{1:k}) = q(X_k|X_{0:k-1}, Z_{1:k}) q(X_{0:k-1}|, Z_{1:k}) \quad (6-39)$$

实际动态系统服从一阶马尔可夫过程并且满足系统观测独立条件，其数学表达式可以分别描述为

$$p(X_{0:k}) = p(X_0) \prod_{i=1}^{k} p(X_k|X_{k-1}) \quad (6-40)$$

和

$$p(Z_{1:k}|X_{0:k}) = \prod_{i=1}^{k} p(Z_k|X_k) \quad (6-41)$$

其中，$p(X_0)$ 表示该动态系统的初始先验密度。

将式(6-39)代入式(6-35)中，则

$$w_k(X_{0:k}) = \frac{p(Z_{1:k}|X_{0:k}) p(X_{0:k})}{q(X_k|X_{0:k-1}, Z_{1:k}) q(X_{0:k-1}|, Z_{1:k})}$$

$$= w_{k-1} \frac{p(Z_k|X_k) p(X_k|X_{k-1})}{q(X_k|X_{0:k-1}, Z_{1:k})} \quad (6-42)$$

特别地，如果重要性分布函数只依赖于前一状态 X_{k-1} 和当前的观测值 Z_k，即

$$q(X_k|X_{0:k-1}, Z_{1:k}) = q(X_k|X_{k-1}, Z_k) \quad (6-43)$$

则由式(6-43)所示的重要性采样函数采样得到样本 $X_k^i \sim p(X_k|X_{k-1}, Z_k)$，样本的最优的选择方法为

$$p(X_k|X_{k-1}^i, Z_k) = q(X_k|X_{k-1}^i, Z_k) \quad (6-44)$$

可以看出，当前时刻的粒子由前一时刻粒子 X_{k-1} 和当前的观测值 Z_k 采样得到，这种采样

方法称为序列重要性采样(Sequential Importance Sampling，SIS)。从式(6-42)可知，粒子权值也可由上一时刻 X_{k-1} 和当前的观测值 Z_k 和上一时刻粒子权值递推得到。将一定的权值 w_k^i 赋予给每一个样本 X_k^i，则带权重的粒子集表示 X_k 的概率分布，形式如下：

$$X_k = \{X_k^i, w_k^i\}_{i=1}^N \tag{6-45}$$

可以近似地表达为

$$p(X_k | Z_{1:k}) = \sum_{i=1}^N \widetilde{w}_k^i \delta(X_k - X_k^i) \tag{6-46}$$

式中，$\delta(\cdot)$ 是狄拉克函数。

6.6.4　退化问题与重采样

序列重要性采样算法中，当前时刻的粒子权值是由上一时刻的粒子权值递推得到的，存在误差的权值的误差会随着时间的传播而进一步的积累，导致只有少数粒子的权值比较大，而大多数的粒子因权值太小以至于最终被忽略不计，即序列重要性采样存在"粒子退化"现象。"粒子退化"用指标 N_{eff} 来衡量，N_{eff} 值小于阈值则表明"粒子退化"现象严重，需要采取措施改善退化现象。N_{eff} 由下式近似计算：

$$N_{\text{eff}} = \frac{1}{\sum_{i=1}^N (w_k^i)^2} \tag{6-47}$$

通常使用两种方案来改善退化现象：选择好的建议分布或进行重采样(Resampling)。重采样在通过序列重要性函数采样得到 N 个样本的基础上，再对序列重要性函数进行 N 次采样，剔除权值较小的样本，保留权值较大的样本。也就是权值较小的样本被复制的权值较大的样本所代替，得到一组新的样本集合。重采样避免了在权值较小的样本集上花费大量的运算时间的情况，提高了样本的有效性。

6.6.5　基于粒子滤波的 SLAM 算法

标准 PF 是在 SIS 方法上加入重采样策略，也称为(Sequential Importance Resampling) SIR 粒子滤波，从序列重要性函数采样得到的样本就是粒子滤波中的粒子。

Montemerlo 首先将粒子滤波器用于 SLAM 领域，提出了 FastSLAM 算法。其核心思想是用 Rao-Blackwellise 分解将 SLAM 问题分离为线性状态的地图特征估计与非线性状态的路径估计，使用 SIR 粒子滤波器估计移动机器人的路径，地图则采用扩展卡尔曼滤波器更新，FastSLAM 算法也称为 RBPF-SLAM 算法。

根据贝叶斯公式以及环境特征估计的独立性假设，FastSLAM 对移动机器人位姿和环境地图的联合后验概率分布 $p(X_{1:k}, M | Z_{1:k}, u_{0:k-1})$ 分为移动机器人路径估计 $p(X_{1:k} | Z_{1:k}, u_{0:k-1})$ 和地图估计 $p(M | X_{1:k}, Z_{1:k}, u_{0:k-1})$ 两部分，然后再将地图估计分解为 N 个相互独立的特征估计 $\prod_{i=1}^N p(M_i | X_{1:k}, Z_{1:k}, u_{0:k-1})$，具体形式如下式所示：

$$\begin{aligned}
&p(X_{1:k}, M | Z_{1:k}, u_{0:k-1}) \\
&= p(X_{1:k} | Z_{1:k}, u_{0:k-1}) p(M | X_{1:k}, Z_{1:k}, u_{0:k-1}) \\
&= p(X_{1:k} | Z_{1:k}, u_{0:k-1}) \prod_{i=1}^N p(M_i | X_{1:k}, Z_{1:k}, u_{0:k-1})
\end{aligned} \tag{6-48}$$

移动机器人路径估计 $p(X_{1,k}|Z_{1,k},u_{0,k-1})$ 的近似表达式为

$$p(X_{1,k}|Z_{1,k},u_{0,k-1}) = \sum_{i=1}^{N} w_k^i \delta(X_{1,k}-X_{1,k}^i) \qquad (6-49)$$

对于假设的近似后验概率的提议分布 $q(X_{1,k}|Z_{1,k},u_{0,k-1})$，满足

$$q(X_{1,k}^i|Z_{1,k},u_{0,k-1}) = q(X_k^i|X_{k-1}^i,Z_k,u_{k-1})q(X_{k-1}^i|,Z_{1,k-1},u_{0,k-1}) \quad (6-50)$$

从这个提议分布产生粒子，并赋权值，得到

$$w_k^i = \frac{p(X_{1,k}^i|Z_{1,k},u_{0,k-1})}{q(X_{1,k}^i|Z_{1,k},u_{0,k-1})}$$

已知 $k-1$ 时刻的粒子集 $\{X_{1,k-1}^i, w_{k-1}^i\}_{i=1}^{N}$，从提议分布的状态空间中采样得到第 i 个粒子 k 时刻的位姿估计 X_k^i，根据 $X_{1,k-1}^i$ 和 X_k^i 得到第 i 个粒子 k 时刻的路径估计 $X_{1,k}^i$，权值递推表达式为

$$\tilde{w}_k^i = w_{k-1}^i \frac{p(Z_k|X_k^i)p(X_k^i|X_{k-1}^i,u_{k-1})}{q(X_k^i|X_{k-1}^i,Z_k,u_{k-1})} \qquad (6-51)$$

FastSLAM1.0 算法采用先验分布 $p(X_k|X_{k-1}^i)$ 作为粒子提议分布，FastSLAM2.0 算法中，粒子的提议分布 $q(X_k|X_{k-1}^i,Z_k)$ 用融合 k 时刻的观测信息 Z_k 的扩展卡尔曼滤波器（EKF）来获取。

FastsLAM2.0 算法步骤具体如下：

（1）预测。预测机器人 k 时刻的位姿分布，根据给定的系统控制向量 u_k 和机器人的运动模型实现，同时计算在 k 时刻的位姿向量的预测均值和方差。

（2）数据关联。将 k 时刻观测信息 Z_k 和各个粒子在 $k-1$ 时刻的地图估计应用极大化观测概率函数方法依次进行数据关联。

（3）获取提议分布。采用 EKF 根据粒子的关联观测特征对粒子的先验分布 $p(X_k|X_{k-1}^i,u_k)$ 进行观测更新，计算各个粒子的位姿向量在 k 时刻的滤波均值和方差，得到各个粒子的提议分布 $q(X_k|X_{k-1}^i,Z_k)$。

（4）移动机器人路径估计。采用 SIR 粒子滤波器估计移动机器人的路径，获取 k 时刻表示移动机器人路径后验概率分布 $p(X_{r(1,k)}|Z_{1,k},u_{0,k-1})$ 的粒子集 $\{X_{1,k}^i, w_k^i\}_{i=1}^{N}$。

（5）更新地图。应用 EKF 根据粒子的关联观测特征更新各个粒子 k 时刻的特征估计。对于没有关联上的观测特征，则将对应的观测特征作为新特征加入地图，并删除伪特征。

FastSLAM2.0 算法将 EKF 与 PF 相结合，利用扩展卡尔曼滤波引入最新观测值，通过扩展卡尔曼滤波对前一时刻的粒子滤波，得到新的状态值，并以此作为当前时刻进行粒子采样的重要性函数。EKF 虽然是经典的非线性估计代表，但只适合弱非线性系统。

6.7　基于图优化的移动机器人 SLAM 算法

图优化是把非线性系统用图（Graph）来表达，根据图论知识对非线性系统状态进行估计的方式。图论中，图由顶点（Vertex）和连接顶点之间的边（Edge）组成，图通常表示为 $G=\{V,E\}$，其中，V 表示顶点集合，E 表示边集合。图中的顶点表示非线性系统中状态值，顶点之间的边表示非线性系统中状态之间的约束关系。

图优化移动机器人 SLAM 的例子如图 6-5 所示。位姿 X_k 之间的约束关系满足移动机

器人运动模型，位姿与观测的路标之间的约束关系满足移动机器人观测模型。位姿 $x_1 \sim x_4$
以及路标 p_1、p_2 构成图 G 的顶点，各位姿之间以及位姿与路标之间都存在的约束关系构成
图 G 的边。图优化 SLAM 是指图论知识求解 SLAM 中移动机器人位姿问题。

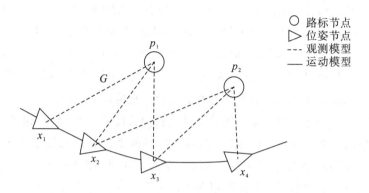

图 6 - 5　图优化 SLAM 的例子

图优化 SLAM 算法框架如图 6 - 6 所示。

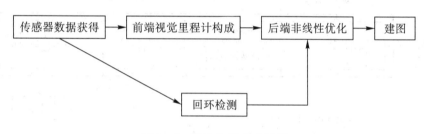

图 6 - 6　图优化 SLAM 框架

图优化 SLAM 过程分为以下几个步骤：

（1）传感器数据获得。移动机器人通过携带的传感器采集外界环境信息，通过码盘、
惯性传感器等进行本体移动数据的读取。

（2）前端视觉里程计构成（Visual Odometry，VO）。视觉里程计构成指对传感器采集
的相邻图像特征点进行提取，同时根据机器视觉以及相机成像原理计算出相机位姿。该相
机安装于移动机器人上，因此，可以确定出移动机器人位姿，同时，部分图像特征点形成
局部地图。VO 又称为前端（Front End）。

（3）后端非线性优化（Optimization）。由于前端对移动机器人的位姿估计不可避免地
存在误差，移动机器人需要将位姿估计通过回环检测等措施进行优化，得到全局一致的移
动机器人位姿轨迹和地图。由于该过程在 VO 之后，又称为后端（Back End）。

（4）回环检测（Loop Closing），又称闭环检测（Loop Closure Detection）。闭环检测主要
解决移动机器人的位姿估计误差会随时间累积的问题，目的是通过前后帧图像间的关系对
比来判断移动机器人走过的位置是否重合（即回环）。通过充分而且正确的回环检测，就可
以消除累积误差，得到正确的移动机器人轨迹，构建出高精度地图。

（5）建图（Mapping）。根据移动机器人位姿与观测的关系，采用一定的表达方式，建立
出环境的地图。

6.7.1　ORB-SLAM 算法

ORB-SLAM 是一个完整的视觉 SLAM 系统，包括视觉里程计、跟踪、回环检测等步骤，是一种完全基于稀疏特征点的单目 SLAM 系统，同时还有单目、双目、RGBD 相机的接口。其核心是使用 ORB(Orinted FAST and BRIEF)作为图像的核心特征。

ORB-SLAM 算法是三个流程同时运行的，结构图如图 6-7 所示。其中第一个流程是跟踪，第二个流程是建图，第三个流程是闭环检测。跟踪是从图像中提取 ORB 特征，根据上一帧图像进行移动机器人姿态估计，或者通过全局重定位初始化位姿，然后跟踪局部地图并优化移动机器人位姿，再根据一些规则确定新的关键帧。地图构建包括对关键帧的插入、验证最近生成的地图点并进行筛选，然后生成新的地图点，使用局部捆集调整(Local BA)，最后再对插入的关键帧进行筛选，去除多余的关键帧。闭环检测分为两个过程，分别是闭环探测和闭环校正。闭环检测先使用 WOB 进行探测，然后通过 Sim3 算法计算相似变换。闭环校正，主要是闭环融合和 Essential Graph 的图优化。

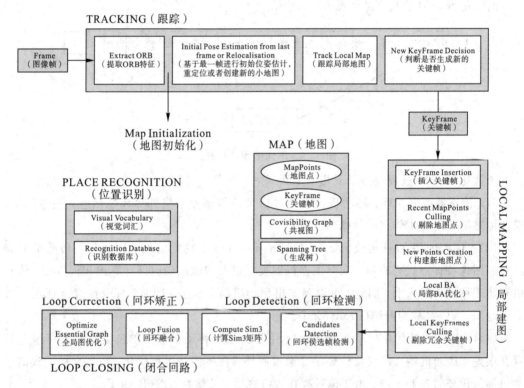

图 6-7　ORB-SLAM 算法结构图

6.7.2　ORB-SLAM2 算法

ORB-SLAM2(结构图如图 6-8 所示)在 ORB-SLAM 的基础上，支持标定后的双目相机和 RGBD 相机。双目视觉对于精度和鲁棒性都会有一定的提升。ORB-SLAM2 是基于单目、双目和 RGBD 相机的一套完整的 SLAM 方案。它能够实现地图重用，回环检测和重新定位的功能。ORB-SLAM2 在后端上采用的是基于单目和双目的光束法平差优化（Bundle Adjustment，BA）的方式。光束平差法，就是利用非线性最小二乘法来求取相机位姿，三维点坐标。在仅给定相机内部矩阵的条件下，对四周物体进行高精度重建。可以将所观测的图像位置和预测的图像位置点进行最小 error 的映射（匹配），由很多非线性函数的平方和表示 error。因此，最小化 error 由非线性最小二乘法实现。

ORB-SLAM2 包含一个轻量级的定位模式，该模式能够在允许零点漂移的条件下，利用视觉里程计来追踪未建图的区域并且匹配特征点。

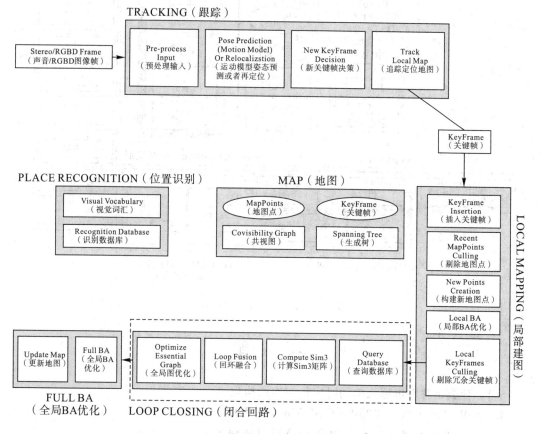

图 6-8　ORB-SLAM2 算法结构图

6.7.3　ORB-SLAM3 算法

相比于 ORB-SLAM2，ORB-SLAM3（结构图如图 6-9 所示）的主要创新点是实现了基于最大后验估计的 IMU 快速初始化方法，实现了基于多子图方式的视觉 SLAM 定位算法更新。同时，将双目的两个摄像机看作两个单目相机，利用仿射变化，观测公共区域中的共同特征点实现校正。

ORB-SLAM3 中创建了 Atlas 类来保存整体的地图点信息，Atlas 用一个 vector 保存多个子图信息，使用了 boost∷serialization 库来对地图信息进行序列化，加速了地图信息之间的快速传递。

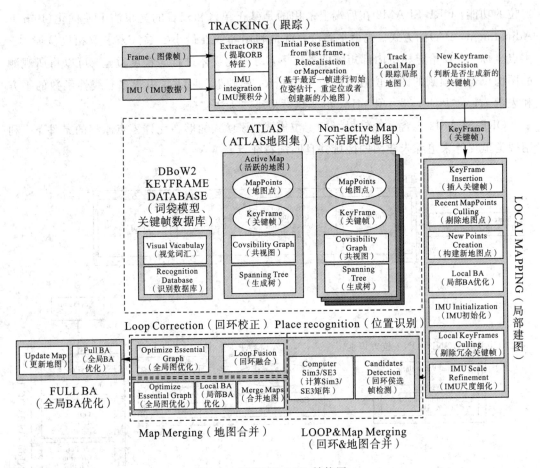

图 6 - 9　ORB-SLAM3 结构图

习　　题

6.1　什么是移动机器人的同时定位与地图构建?

6.2　用 Matlab 语言编写 EKF-SLAM 算法程序。

6.3　在 ROS 系统下,运行 ORB-SLAM 算法程序。

6.4　查找文献,了解 PF-SLAM 算法中存在的问题以及解决问题的方法。

第 7 章　移动机器人语音识别与控制

随着不同功能的移动机器人进入人们生活的各个领域，利用键盘和手柄等传统的人机交互方式变得比较复杂和繁琐，而将语音识别技术应用到移动机器人上，使移动机器人能够识别人类的语音指令并执行相应的任务，可以使人机交互变得更加方便。移动机器人语音控制的核心是使移动机器人不仅能够听懂人类的语言，同时还要根据人类的语言命令完成相应的实际任务，拥有语音识别技术是移动机器人向智能化方向发展的重要体现。

本章重点

· 语音识别技术原理；
· 移动机器人语音控制技术原理。

7.1　移动机器人语音识别系统

移动机器人的语音识别技术由以下几个过程来实现，包括语音控制信号的预处理、特征参数的提取、语音控制信号的训练和识别。图 7-1 所示为移动机器人语音识别系统的整体框图。

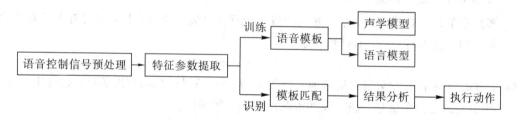

图 7-1　语音识别系统的整体框图

图 7-1 中，语音信号处理和特征提取部分以语音音频信号作为输入，通过消除噪声和信道失真对语音音频信号进行增强，将信号从时域转化到频域，利用端点检测的方法检测出有效的语音段，并为后面的声学模型提取合适的有代表性的语音信号特征。声学模型是对声学、语音学、环境的变量、说话人性别、口音等差异的知识表示，声学模型对语音特征进行训练，得到每一个语音特征在声学特征上的概率。语言模型是对一组字序列构成的知识表示，通过对大量文本信息进行训练，计算出该语音信号中单个字或词可能对应的词组序列相互关联的概率。语音数据的模板匹配和结果分析阶段就是通过声学模型、字典、语言模型对提取语音特征后的音频数据进行词组序列的解码，最后得到可能的文本表示并输出结果，将匹配上的控制命令信号转换成相应动作，移动机器人驱动电机完成相应动作。

显然，语音控制命令信号的特征提取方法和声学模型是语音识别的关键问题。在语音识别技术的发展中，最流行的语音识别系统通常使用梅尔倒谱系数（Mel-Frequency Cepstral Coefficient，MFCC）或者"相对频谱变换—感知线性预测（Perceptual Linear Prediction，PLP）"作为特征向量，使用混合高斯模型—隐马尔科夫模型（Gaussian Mixture Model-HMM，GMM-

HMM)作为声学模型。在 20 世纪 90 年代，最大似然准则(Maximum Likelihood，ML)被用来训练这些 GMM-HMM 声学模型。到 21 世纪，序列鉴别性训练算法(Sequence Discriminative Training Algorithm)被提出来，进一步提高了语音识别的准确率。

近些年来，深度神经网络(Deep Neural Network，DNN)应用到语音识别系统中，通过对语音信号进行声学模型建模，训练时间和识别准确率都得到了有效改善，因此该方法正在逐渐替代 HMM 模型成为语音识别中的主要算法。

7.2　语音信号的特征提取

语音信号的特征提取就是从说话人的语音信号中提取出表示说话人个性的基本特征。常见的说话人特征包括语音帧能量、基音周期、线性预测系数、共振峰频率及带宽、鼻音联合特征、谱相关特征、相对发音速率特征、线性预测系数倒谱以及音调轮廓特征等。

7.2.1　语音信号的预处理

语音信号预处理的目的是消除因为人类发声器官本身和由于采集语音信号的设备所带来的混叠、高次谐波失真、高频等因素对语音信号质量的影响。尽可能保证后续语音处理得到的信号更均匀、平滑，为信号参数提取提供优质的参数，并提高语音处理质量。预处理一般包括预加重、分帧和加窗等。

1. 语音信号的预加重

预加重的作用是消除语音信号在低频段的干扰使其频谱变得平坦，它将有利于对后续语音信号的频谱进行分析。其计算表达式为

$$y(n) = x(n) - \alpha(n-1) \tag{7-1}$$

其中，$x(n)$ 表示在 n 时刻语音信号的采样值，α 为语音信号的预加重因子且 α 接近于 1，图 7-2 所示为语音命令信号"前进"预加重前后的语音频谱图。

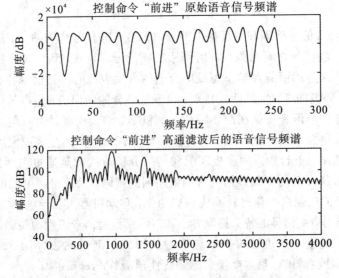

图 7-2　语音命令信号"前进"预加重前后的频谱图

在频率较高时,语音命令信号的频谱通过预加重后得到了提升。

2. 语音信号的分帧

语音信号实际上是一种时变的波动信号,但通常在 $10 \sim 30$ ms 内被看作是短时平稳的。为了能够更好地对预加重后的短时语音信号进行分析,需要将采集的语音信号做分帧处理。图 7-3 所示为分帧后的语音信号的效果图,其中每帧语音信号的长度是帧移的 2 倍。

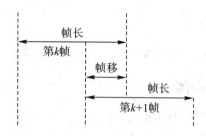

图 7-3　语音信号分帧示意图

3. 语音信号的加窗

语音分帧会导致语音信号的频谱泄露,为了防止这一现象需要对分帧后的语音信号加窗,目前使用较普遍的窗函数有矩形窗和汉明窗。窗长为 L 的矩形窗函数可表示为

$$w(n) = \begin{cases} 1 & 0 \leqslant n \leqslant L-1 \\ 0 & \text{其他} \end{cases} \tag{7-2}$$

图 7-4 所示为矩形窗函数在时域和频域上的特性效果图。

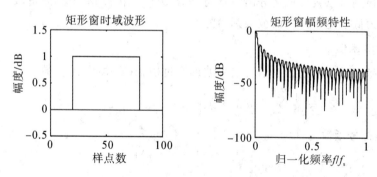

图 7-4　矩形窗的时域和幅频特性效果图

窗长为 L 的汉明窗函数可表示为

$$w(C) = \begin{cases} 0.54 - 0.46\cos\left[\dfrac{2\pi n}{(N-1)}\right], & 0 \leqslant n \leqslant N \\ 0 & \text{其他} \end{cases} \tag{7-3}$$

由图 7-4 和图 7-5 中的幅频特性效果图可看出,汉明窗函数的衰减幅度在同等条件下要比矩形窗大,从而可以使语音信号变的更加平滑。

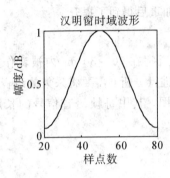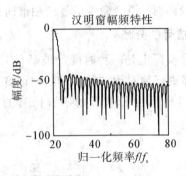

图 7 - 5　汉明窗的时域和幅频特性效果图

7.2.2　语音信号的端点检测

端点检测是指在一段语音信号中准确的找出语音信号的起始点与结束点,使有效的语音信号和无用的噪音信号分离。目前常见的方法包括双门限法、自相关法、谱熵法和比例法。双门限法是一种常用的端点检测方法,该方法通过计算语音信号的短时能量值和短时过零率值,从而检测出有效的语音段。

1. 短时能量值

将第 n 帧语音信号 $X_n(m)$ 的短时能量用 E_n 表示,则 E_n 可表示为

$$E_n = \sum_{m=0}^{N-1} X_n^2(m) \tag{7-4}$$

短时能量检测可以较好地区分出浊音与静音,对于清音,由于其能量较小,在短时能量检测中会因为低于能量门限而被误判为静音。

2. 短时过零率值

短时过零率表示一帧语音中语音信号波形穿过横轴(零电平)的次数。

$$Z_n = \frac{1}{2} \sum_{m=0}^{N-1} |\operatorname{sgn}[X_n(m)] - \operatorname{sgn}[X_n(m-1)]| \tag{7-5}$$

其中,sgn[]是符号函数,即

$$\operatorname{sgn}[X] = \begin{cases} 1, & (x \geqslant 0) \\ -1, & (x < 0) \end{cases}$$

它可以用来区分静音和清音,将两种检测结合起来,就可以检测出语音段(清音与浊音)与静音段,从而识别语音信号的端点。如图 7 - 6 所示为语音命令"前进"的端点检测结果。

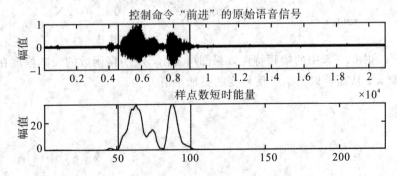

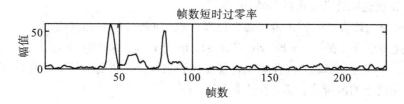

图 7-6　语音命令"前进"的端点检测结果

7.2.3　语音信号的特征提取

语音信号的特征提取是整个语音识别系统中最关键的一步，特征参数提取的质量好坏将直接影响后续语音系统的识别效果。特征参数提取的目的是在大量的原始语音数据中提取出能够表征语音信息的特征，筛选出多余的信息并提高语音识别系统的整体性能，梅尔倒谱系数法（Mel Frequency Cepstrum Coefficient，MFCC）是语音信号特征提取方法中最常用且经典的方法。Mel 滤波器模拟了人耳的听觉特性，它与频率的关系可表示为

$$\text{Mel}(f) = 2595 \times \lg\left(1 + \frac{f}{700}\right) \tag{7-6}$$

其中，$\text{Mel}(f)$ 为语音命令信号的感知频率，f 为实际频率，$\text{Mel}(f)$ 与 f 的关系如图 7-7 所示。

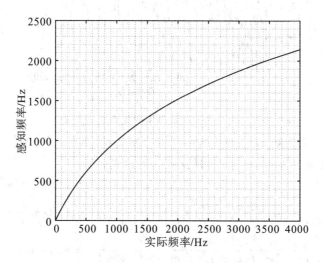

图 7-7　感知频率 Mel 与实际频率 f 的关系曲线

MFCC 特征参数具有模拟人耳听觉的特性，且能够较好的表征语音信号的本质特征，因此被广泛地应用到语音识别系统中。图 7-8 所示为 MFCC 算法提取语音信号特征的过程。

图 7-8　MFCC 特征参数提取过程

MFCC 算法提取特征参数的步骤如下：

(1) 将采集的语音信号首先做预加重处理，然后进行分帧和加汉明窗。

(2) 快速傅里叶变换(Fast Fourier Transform，FFT)。由于时域上语音信号是非平稳的难以反映语音信号的特性，因此需先将其变换到频域上再进行分析，利用 FFT 变换得到语音信号在频谱上的能量值，其计算公式如下：

$$X_n(k) = \sum_{i=0}^{N-1} x(i)w(n-i)e^{-j\frac{2\pi}{N}ki}, \ 0 \leqslant k \leqslant N-1 \qquad (7-7)$$

其中，$x(i)$ 为输入的语音信号，$w(n-i)$ 为汉明窗函数，N 为变换的次数，然后通过计算得到语音信号的功率谱值，计算公式如下：

$$E_n(k) = |X_n(k)|^2 \qquad (7-8)$$

(3) 通过 Mel 滤波器组对语音信号的功率谱进行滤波处理，图 7-9 所示为 Mel 滤波器组的频率响应曲线。

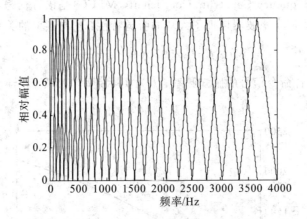

图 7-9 Mel 滤波器组的频率响应曲线

在一定 Mel 频率范围内，需要设置一些带通滤波器 $H(m,k)$，并且每个滤波器在 Mel 频率上的宽度都相等，则 $H(m,k)$ 传递函数的表达式为

$$H_m(k) = \begin{cases} 0, & k < f(m-1) \\ \dfrac{2(k-f(m-1))}{(f(m+1)-f(m-1)(f(m)-f(m-1)))}, & f(m-1) \leqslant k \leqslant f(m) \\ \dfrac{2(k(m+1)-k)}{(f(m+1)-f(m-1)(f(m)-f(m-1)))}, & f(m) \leqslant k \leqslant f(m+1) \\ 0, & \text{其他} \end{cases}$$

$$(7-9)$$

根据式(7-9)计算由 48 个 Mel 滤波器构成 Mel 滤波器组的 $H_m(k)$，然后再计算语音信号的能量谱，其计算表达式为

$$S_k = \sum_{k=0}^{N-1} E_n(k)H(k) \qquad (7-10)$$

(4) 将从 Mel 滤波器中得到的语音信号的能量值取对数，然后进行离散余弦变换(Discrete Cosine Transform，DCT)即可得出 MFCC 特征参数值，其表达式为

$$\text{mfcc}(n,\ i) = \sum_{m=0}^{M-1} \log(S_k)\cos\left(\frac{\pi i(m-0.5)}{M}\right) \tag{7-11}$$

式中，m 表示第 m 个 Mel 滤波器，M 表示 Mel 滤波器的总个数（48 个），i 表示 DCT 变换后的谱线，n 表示第 n 帧语音信号，这种直接得到的 MFCC 特征只能够表征语音信号的静态特性。将语音信号的静态特征与动态特征结合起来才能更好地表征语音的本质特性，从而提高整个系统的识别性能。

7.3　声　学　模　型

声学模型是语音识别系统中极其重要的部分之一，它决定着语音识别系统的性能。混合高斯模型—隐马尔科夫模型（Gaussian Mixture Mode-Hidden Markov Model，GMM - HMM）被使用了 30 年之久，近些年来，深度神经网络（Deep Neural Network，DNN）表现出了更好的效果，涌现出大量的基于深度神经网络的声学模型。本书中只介绍混合高斯—隐马尔可夫模型。

7.3.1　混合高斯模型

高斯混合模型 GMM 可以看作是由 K 个单高斯模型组合而成的模型，这 K 个子模型是混合模型的隐变量（Hidden Variable）。一般来说，一个混合模型可以使用任何概率分布，因为高斯分布具备很好的数学性质以及良好的计算性能而在高斯混合模型中被使用。

高斯混合模型 GMM 就是用高斯概率密度函数（正态分布曲线）精确地量化事物，它是一个将事物分解为若干个基于高斯概率密度函数（正态分布曲线）形成的模型。混合高斯分布的概率密度函数为

$$p(x) = \sum_{m-1}^{M} \frac{c_m}{(2\pi)^{1/2}\sigma_m}\exp\left[-\frac{1}{2}\left(\frac{x-\mu_m}{\sigma_m}\right)^2\right] \tag{7-12}$$
$$= \sum_{m-1}^{M} c_m N(x;\ \mu_m;\ \sigma_m^2)$$

其中混合权重为正实数，其和为 1，即 $\sum_{m-1}^{M} c_m = 1$。

混合高斯分布最明显的性质是它的多模态，不同于高斯分布的单模态性质 $M=1$。这使得混合高斯模型能够描述很多显示出多模态性质的物理数据。

通常来说，混合高斯模型及其相关的参数变量估计是一个不完整数据的参数估计问题。最大似然准则估计方法中的最大期望值（Expectation Maximization，EM）算法是这一类方法的一个典型代表。EM 算法是在给定确定数量的混合分布成分的情况下，去估计各个分布参数的最通用的方法，分为第一阶段，期望计算阶段（E 步骤）以及最大化阶段（M 步骤）。

在此情况下，EM 算法得到的参数估计公式为

$$c_m^{(j+1)} = \frac{1}{N}\sum_{t=1}^{N} h_m^{(j)}(t) \tag{7-13}$$

$$\mu_m^{(j+1)} = \frac{\sum_{t=1}^{N} h_m^{(j)}(t)x^{(t)}}{\sum_{t=1}^{N} h_m^{(j)}(t)} \tag{7-14}$$

$$\sum_{m}^{(j+1)} = \frac{\sum_{t=1}^{N} h_m^{(j)}(t) \left[x^{(t)} - \mu_m^{(j)} \right] \left[x^{(t)} - \mu_m^{(j)} \right]^{\mathrm{T}}}{\sum_{t=1}^{N} h_m^{(j)}(t)} \tag{7-15}$$

从 E 步骤中计算得到的后验概率如下：

$$h_m^{(j)}(t) = \frac{c_m^{(j)} N(x^{(t)} ; \mu_m^{(j)} ; \sum_{m}^{(j)})}{\sum_{i=1}^{n} c_i^{(j)} N(x^{(t)} ; \mu_i^{(j)} ; \sum_{i}^{(j)})} \tag{7-16}$$

基于当前迭代次数针对某个高斯成分 m，用给定观察值 $x^{(t)}$ 计算得到的后验概率 $t=1, \cdots, N$。给定这些后验概率值后，每个高斯成分的先验概率、均值和协方差都可以根据上述公式计算，其本质上是针对整个采样数据的加权平均的均值和协方差。原始语音数据经过短时傅里叶变换形式或者倒谱后会成为特征序列，在忽略时序信息的条件下，混合高斯分布十分适合拟合这样的语音特征。

在语音识别中，可以用 GMM 直接对所有说话人的语音特征分布建模，得到通用背景模型，GMM 被整合在隐 HMM 中，用来拟合基于状态的输出分布。

7.3.2　隐马尔可夫模型

为了说明问题，我们先了解马尔可夫链(Markov Chain)的概念。马尔可夫链又称离散时间马尔可夫链(Discrete-time Markov Chain)，是状态空间中从一个状态到另一个状态转换的随机过程。该过程要求具备"无记忆"的性质，即下一状态的概率分布只能由当前状态决定，在时间序列中它前面的事件均与之无关，这种特定类型的"无记忆性"称作马尔可夫性质。马尔可夫链实际上就是一个随机变量随时间按照 Markov 性质进行变化的过程。

在马尔可夫链的基础上进行扩展，用一个观测的概率分布与马尔可夫链上的每个状态进行对应，这样引入双重随机性，使得马尔可夫链不能被直接观察，因此称为隐马尔可夫模型(Hidden Markov Model，HMM)，HMM 在实现过程中表现出了双重随机性的特点，其中之一是马尔可夫链，它把一段语音信号的输出和每一个状态看成一一对应的过程，是可观测的，另一个是用来描述状态和观测值之间的统计对应关系的过程，是不可观测的。将这两个随机过程有机结合起来可较好地处理语音信号之间的动态变化和语音特征的短时平稳问题。

隐马尔可夫模型主要由初始概率 π、转移概率 A、输出概率 B 三个参数决定。该模型就是利用这三个参数来处理语音特征的短时平稳性，图 7-10 为一个包括多个中间隐藏状态的 HMM 模型拓扑图。

一个 HMM 模型可以用下列参数描述：

(1) N，定义 N 个状态为 $\theta_1, \cdots, \theta_N$ 马尔可夫链，定义 q_t 是马尔可夫链在 t 时刻所得出的观测值，$q_t \in (\theta_1, \cdots, \theta_N)$ 表示语音信号处于某个平稳的状态；

(2) M，每个状态可能对应观察值的数量。定义 M 个观察值 $V_1, \cdots, V_M$；

(3) π，初始状态概率，$\pi = (\pi_1, \cdots, \pi_N)$，其中

$$\pi_i = P(q_1 = \theta_i), 1 \leqslant i \leqslant N \tag{7-17}$$

(4) A，状态转移概率矩阵 $(a_{ij})_{N \times N}$，其中

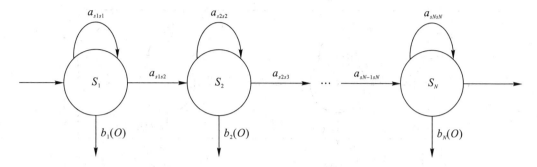

图 7 - 10　HMM 模型拓扑图

$$a_{ij} = P(q_{t+1} = \theta_j | q_t = \theta_i), 1 \leqslant i, j \leqslant N \qquad (7-18)$$

（5）B，观察值概率矩阵 $(b_{jk})_{N \times N}$，其中

$$b_{jk} = P(o_t = V_k | q_t = \theta_j), 1 \leqslant j \leqslant N, 1 \leqslant k \leqslant M \qquad (7-19)$$

在描述一个 HMM 模型时，其状态数量 N 和观测值的数量 M 是已知的，因此 HMM 模型也可记为

$$\lambda = (\pi, A, B) \qquad (7-20)$$

HMM 模型主要由两部分构成，一是马尔可夫链，它是由参数 π、A 确定的，输出的结果是语音特征值的状态序列，二是由参数 B 确定的一个随机过程，输出结果是语音特征值的观测序列，图 7 - 11 为 HMM 模型的组成结构，其中 T 为观察序列的时间长度。

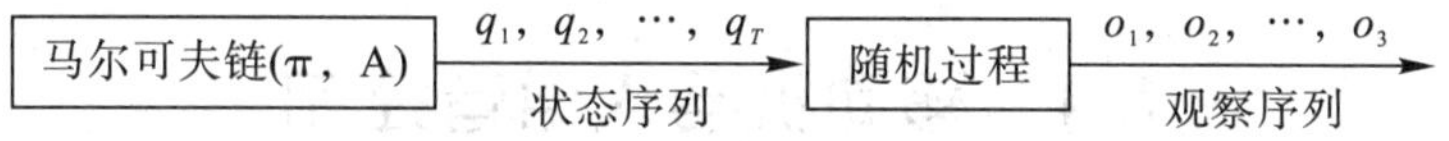

马尔可夫链(π, A) $\xrightarrow{q_1, q_2, \cdots, q_T}$ 随机过程 $\xrightarrow{o_1, o_2, \cdots, o_3}$
　　　　　　　　状态序列　　　　　　　　观察序列

图 7 - 11　HMM 组成示意图

7.3.3　GMM - HMM 声学模型

使用 GMM 对 HMM 每个状态的语音特征分布进行建模，有许多明显的优势。只要混合的高斯分布数目足够多，GMM 可以拟合任意精度的概率分布，并且它通过 EM 算法很容易拟合数据。GMM 参数通过 EM 算法的优化，可以使其在训练数据上生成语音观察特征的概率最大化。在此基础上，若通过鉴别性训练，基于 GMM - HMM 的语音识别系统的识别准确率可以得到显著提升，图 7 - 12 为基于 GMM - HMM 的声学模型。

在 GMM - HMM 声学模型结构中，GMM 的作用是用于拟合短时语音信号的静态语音特征，HMM 的作用是描述一段语音信号并利用其内部语音特征状态序列的变化。

GMM - HMM 声学模型中语音特征的最佳观测序列如下：

$$b_i(o) = \sum_{k=1}^{k} \omega_{ik} \cdot \frac{1}{\sqrt{(2\pi)^D |\boldsymbol{\Sigma}_{ik}|}} \exp\left[-\frac{1}{2}(\boldsymbol{o} - u_{ik})^T \boldsymbol{\Sigma}_{ik}^{-1}(\boldsymbol{o} - u_k)\right] \qquad (7-21)$$

其中，k 表示在第 i 个状态时，输出语音特征的观测序列中所包含高斯分量的数量，ω_{ik} 表示在第 i 个状态时，输出的语音特征观测序列的权重值，u_{ik} 表示在 i 状态时，输出的语音特征观测序列的均值，D 表示语音特征向量 $\boldsymbol{o}$ 的维数，$\boldsymbol{\Sigma}_{ik}$ 表示在 i 状态时，输出语音特征观测序列的协方差矩阵，GMM 模型通过加权集成多个语音信号的高斯分量来描述其语音特征

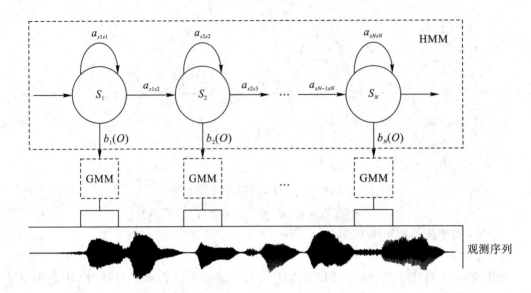

图 7 - 12 基于 GMM - HMM 的声学模型

的空间分布情况，同时利用 EM 算法对语音数据集进行声学模型的建模与迭代训练。

随着深度学习技术的不断发展，GMM 模型逐渐被 DNN、CNN、RNN 等深度网络模型所替代。在给定的声学观察特征的条件下，用深度神经网络的每个输出节点来估计连续密度 HMM 的某个状态的后验概率，非常高效。

7.4 移动机器人语音控制

语音控制简单来说就是让移动机器人能够和人通过语音进行沟通，以便更好地服务于人类。在移动机器人系统中增加语音接口，用语音代替键盘输入并进行人机对话，这是移动机器人智能化的重要标志之一。

对于没有应用 ROS 系统的移动机器人，现阶段的绝大多数智能语音控制系统都采用市场上的硬件模块作为语音识别单元，常用的有 LD3320 语音识别芯片和智能语音控制模组 YQ5969 系列，这些均是非特定语音识别芯片，只针对相同的语言进行识别，和人的年龄、性别等差异无关。百度智能语音等开发平台提供了智能语音开发工具包 SDK，使得二次开发更为方便快捷，使用语音 API 即可实现语音识别与合成等功能。

对于应用 ROS 的移动机器人，则使用基于 Linux 系统的 SDK 编写语音识别节点，当节点开始运行时，通过麦克风接受语音信号并将其转化为相应的文字，将文字信息与指令库中的信息比较，匹配成功后通过特定的主题发布。移动机器人控制节点通过订阅这个主题接收文字指令，并且将其发送给移动机器人平台的主控制器，主控制器通过驱动模块控制直流电机运动，从而完成语音控制。

移动机器人语音控制流程如图 7 - 13 所示。

ROS 中，一般使用 C++和 Python 语言编写语音处理和识别的相关程序，并形成语音控制系统所需的语音采集软件包、语音处理软件包、语音识别算法软件包和移动机器人控制软件包，在 ROS 系统中对编写的各个软件包进行 gcc 编译生成相应的节点，编写

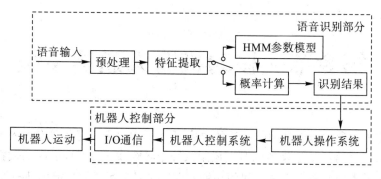

图 7-13　移动机器人语音控制流程

launch 文件，通过 ROS 的通信机制将各个独立的模块串接起来完成整个语音控制系统的设计。移动机器人语音控制系统各节点间通信的连接关系如图 7-14 所示。

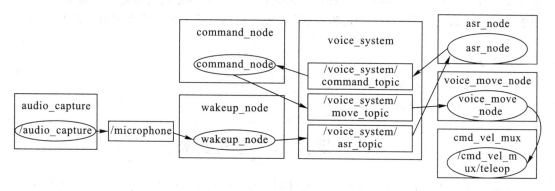

图 7-14　ROS 系统下语音控制系统的节点关系图

图 7-14 中，方框表示消息，椭圆表示节点，矩形表示话题。节点/audio_capture 来获取通过麦克风采集的语音控制信号，并发布消息到/microphone 话题；节点/wakeup_node 订阅/microphone 话题，检测输入的语音控制信号是否为有效的语音信号，来启动语音识别系统，然后，将有效语音控制信号作为消息发送到/asr_topic 话题；节点/asr_node 订阅/asr_topic话题，把检测到的有效语音控制信号发送到语言库进行匹配，并发布该消息到/command_topic话题；节点/command_node 订阅/command_topic 话题，经过语音匹配和处理，判断机器人应该执行哪个命令，并把该消息发布到/move_topic 话题；节点/voice_node 订阅/move_topic 话题，接收语音控制命令并传输给 Turtlebot 移动机器人，从而控制移动机器人运动。

习　　题

7.1　语音信号特征提取方法有哪些？一般流程是什么？

7.2　语音识别系统整体上分为哪两大部分？

7.3　说话人控制命令和语音控制命令有什么不同？

7.4　声学模型有哪几种？

7.5　查找资料，了解深度学习在语音识别系统可以有哪些应用？

第8章 移动机器人通信系统

移动机器人的通信方式从通信对象的角度可以分为内部信息流通信和外部交互通信。实际上内部信息流通信就是移动机器人控制系统中各模块、各部件之间的数据交流，主要是完成移动机器人内部各个模块之间的功能协调。外部交互通信是指移动机器人与控制者或者其他机器人等外设之间的信息交互。移动机器人内部信息流通信主要通过各部件的软硬件接口实现，而外部交互通信一般使用独立的通信专用模块实现。本章所述的通信主要指移动机器人的外部交互通信。移动机器人运用常见的无线通信技术进行外部交互通信，也能够运用计算机网络技术实现远程控制，扩展了移动机器人的应用范围与多机器人协同工作能力。

本章重点
· 现代通信技术的发展；
· 多移动机器人自组网原理。

8.1 现代无线通信技术

无线通信是指仅利用电磁波传输信号的通信方式，是通信的多个节点间不经由导体或缆线传播进行的远距离传输通信。从最初的无线电报，到如今的无线数字蜂窝移动网，以及无线局域网，无线通信技术已经取得了巨大的发展，并以其便利高效等优点成为了主要的通信手段，其应用领域的不断扩大和产品的快速更新换代，也标志着我国进入了信息化和数字化时代。移动机器人通信的主体是移动机器人，为了能更好地使用移动机器人，需要对通信系统的知识有一些简单的了解。下面简要介绍几种主要的现代无线通信技术。

8.1.1 GSM 通信系统

GSM(Global System for Mobile Communications，数字移动通信)系统即通常所说的第二代移动通信技术(2G)，相较于第一代移动通信技术(1G)的模拟蜂窝技术而言，该起源于欧洲的数字 GSM 技术使全球用户能够通用一个移动通信技术标准，也从而得到了充分推广。GSM 是世界上第一个对数字调制、网络层结构和业务做了规定的蜂窝系统。GSM 网络一共有 4 种不同的蜂窝单元尺寸：巨蜂窝，微蜂窝，微微蜂窝和伞蜂窝。覆盖面积因不同的环境而不同。一般而言，巨蜂窝的基站天线安装在天线杆或者建筑物顶上，信号覆盖的区域较大；微蜂窝的天线高度一般低于平均建筑高度，一般用于市区内；微微蜂窝只能覆盖几十米的范围，主要用于室内；伞蜂窝则是用于覆盖更小的蜂窝网的盲区，填补蜂窝之间的信号空白区域。蜂窝半径范围根据天线高度、增益和传播条件不同可以从百米以上至数十公里覆盖。实际使用的最长距离 GSM 规范支持到 35 公里。

蜂窝移动通信的出现是一次移动通信革命。由于频率的复用，大大提高了频率复用率并增大了系统容量,网络的智能化实现了越区转接和漫游功能,扩大了客户的服务范围,但也存在着带宽无法满足信息内容的局限。

　　GSM 网络在移动机器人系统中,可以有多种应用,比如利用 GPS/GSM 实现移动机器人定位。硬件上,在移动机器人控制系统中添加 GPS/GSM 模块,使之与移动机器人上位机相连,GPS 接收机可以接收到移动机器人的经度、纬度速度和方向等信息,并利用GSM 网络实现该信息的传递。

8.1.2　CDMA 通信系统

　　GSM 系统采用的时分多址方式是利用不同移动终端占用同一频率,但占用时间不同的通信方式,要求全网中各帧完全同步,技术比较复杂。在蜂窝移动通信的技术体制规范中,出现了一种更新的移动通信方式 CDMA。CDMA 是码分多址的英文缩写(Code - Division Multiple Access),它是在扩频通信技术上发展起来的一种崭新而成熟的无线通信技术,相应的技术标准有很多,从北美的 IS - 95 到 CDMA2000、WCDMA,以及我国提出的TD - SCDMA,CDMA 通信技术已经成为了第三代通信技术(3G)的技术标准,市场上CDMA模块产品也很丰富,成为 GSM 的换代产品,但仍然无法满足多媒体通信需求。第四代移动通信技术(4G)引入了 MIMO 无线通信技术,将宽带互联网和宽带无线通信网络相结合,提高了无线网络的信息吞吐量,扩大了覆盖区域,也提高了传输质量,满足了语音、视频等信息的传输,但传输速度仍然有提升空间。中国在应用云计算技术的第五代移动通信技术(5G)的研究中走在了世界前列,目前,5G 技术已经在世界上很多地区开始应用。

8.1.3　红外通信技术

　　红外通信是利用红外线作为通信载体的一种无线通信技术。红外线是电磁波的一个部分,比可见光略短,但是携带的信息量较大。红外传输一般由红外发射系统和接收系统两部分组成。发射系统对一个红外辐射源进行调制后发射红外信号,一般利用波长 850~900 nm 的红外线传输,采用 ASK、PPW 等调制方式将二进制调制成脉冲序列,驱动红外线发射管向外发送红外光,接收端则将收到的红外光脉冲信号转换成电信号,再进行放大、滤波、解调后还原成二进制数,就构成了红外通信系统。

　　红外技术的统一标准是由一些较大的厂商于 1993 成立的红外数据协会(IrDA)制定的,此协会推进制定了可以共同使用的低成本红外数据互连标准,支持点对点工作模式。IrDA 统一了红外通信标准,制定出被广泛使用的 IrDA 红外通信协议,为提高通信速率,由此衍生出的 IrDA1.0,通信速率为 115.2 kb/s;而 IrDA1.1 的通信速率可达 4 Mb/s。

　　红外通信的传输方式主要有点对点方式和广播的方式。

　　(1) 点对点方式:红外传输的最常用形式是点对点传输。点对点传输是指使用高度聚焦的红外线光束发送信息或者遥控信息的红外传输方式。局域网或者广域网都可以使用点对点的传输方式在短距离和远距离上传输数据。点对点红外传输在局域网中使用,用来将距离较近的建筑连接起来。使用点对点红外介质可以减少衰减,使得偷听困难从而安全性提高;适合较短距离通信,传输速率较高;保密性强、信息容量大;构造简单,使用较为灵活;有较强的方向性。但是其易受到尘埃、雨水的影响;远距离通信,通常需要高功率激光发射器，费用昂贵；容易受到强光干扰。

（2）广播方式：红外广播系统向一个广大的区域传送信号，并且允许多个接收器同时接收信号。它的一个主要优点是可移动性，相对点对点来说计算机工作站和其他设备可以更容易的移动。优点是安装简单，只要设备有畅通的信道和足够强度的信号，就可以安装到信号能到达的任何地方，容易重新构架网络；缺点为信号衰减受到光强和纯净介质影响；电磁干扰无法避免。

总的来说，由于其结构简单、容易实现、成本低廉等特点，红外通信标准的广泛兼容性可以为用户提供更多的无线通信方式，如笔记本电脑、个人数字助理等，其在嵌入式系统产品中也得到了广泛应用。

近年来，随着短距离无线通信技术的发展，PAN(Personal Area Network)的概念被提了出来，也就是所谓的个人局域网。PAN 国际通信的核心思想是用无线电或红外线代替传统的有线电缆，实现个人信息终端的智能化互联，组建个人化的信息网络。通过个人终端设备进行局域网内以及外网通信。红外通信技术成为了实现 PAN 的方式。

8.1.4 蓝牙通信技术

作为一种短距离无线通信方式，蓝牙通信的实质内容是建立一个通用的无线空中接口以及控制软件的公开标准，从而使得不同厂家的便携设备能够在没有电缆互相连接的情况下在较短距离内完成互通。蓝牙通信技术将内嵌蓝牙芯片的设备互联起来，提供话音和数据的接入服务，实现信息的自动交换和处理。该技术从出现至今一直在不断的更新发展，并一直在各种移动设备上广泛使用。

蓝牙通信工作在全球通用的免费的 2.4 GHz ISM 频段，数据速率为 1 Mb/s，采用时分双工实现全双工传输。现阶段，蓝牙技术的主要工作范围在 10 m 左右，经过增加射频功率后的蓝牙技术可以在 100 m 的范围内进行工作，只有这样才能保证蓝牙在传播时的工作质量与效率，提高蓝牙的传播速度。

红外与蓝牙系统参数的比较如表 8-1 所示。

表 8-1 红外和蓝牙参数比较

	传输媒介	天线	通信距离	传输速率	调制方式	通信方式
IrDA	红外线	30°	≤1 m	9.6 kb/s~16 Mb/s	4PPM	半双工
蓝牙	2.4 GHz、FH-SS	全向	10 m	最大为 1 Mb/s	FSK	全双工

8.1.5 UWB 超宽带通信技术

UWB 超宽带(Ultra Wide Band)是一种以极低功率在短距离内高速传输数据的无线技术，3.1 GHz 到 10.6 GHz 之间的 7.5 GHz 的带宽频率是 UWB 所使用的频率范围。

与 IEEE 802.1 la、IEEE 802.1 lb 和蓝牙相比，在同等码速条件下，UWB 具有更强的抗干扰性。其数据速率可以达到数十至数百兆比特每秒，消耗电能小、保密性好、生产成本低。

UWB 技术可实现短距离高速应用，数据传输速率可以达到数百兆比特每秒，主要是构建短距离高速 WPAN、家庭无线多媒体网络以及替代高速率短程有线连接，如无线

USB 和 DVD，其典型的通信距离是 10 m。同时，也可以实现中长距离(几十米以上)低速率应用，通常数据传输速率为 1 Mb/s，主要应用于无线传感器网络和低速率连接。另外，UWB 采用到达时间差定位(TDOA)方法实现无线定位，是目前无线定位最为流行的一种方案。

在移动机器人控制器上安装以上通信技术的专用模块或者网卡，移动机器人即可以应用无线通信技术与外界实现交流。

8.2　Ad Hoc 自组网技术

虽然我国已经可以建成优质的无线通信技术网络，为人们提供便捷的通信服务。但是，因为某些条件限制，不适合使用这种网络，例如：在某些偏远地区，现有蜂窝网络没有覆盖；或者在某些特殊地理环境下，蜂窝网络信号无法接收；另外，还有如停电、自然灾害等紧急情况下，蜂窝网络已经停止工作，在这些情况下使用蜂窝网络的服务，显然是不可能的。此时，一种无需预先建网、及时且灵活的通信网络技术 Ad Hoc 网络技术应运而生。

Ad Hoc 网络不需要有线基础设备的支持，而是通过移动主机自由的组网实现通信。它是由一组带有无线收发装置的移动终端节点组成的一个多跳的、临时性自治系统。在自组网中，每个用户终端不仅能移动，而且兼有路由器和主机两种功能。一方面，作为主机，终端需要运行各种面向用户的应用程序；另一方面，作为路由器，终端需要运行相应的路由协议，根据路由策略和路由表完成数据的分组转发和路由维护工作。在 Ad Hoc 网络中，每个主机的通信范围有限，因此路由一般都由多跳组成，数据通过多个主机的转发才能到达目的地。

Ad Hoc 网络中的节点主要包括普通移动终端和报文转发两个功能。依据功能可以将节点分为三个部分，其依附的具体设备分别为主机、路由器和电台。其中主机部分完成普通移动终端的功能，包括人机接口、数据处理等应用软件；路由器部分主要负责维护网络的拓扑结构和路由信息，完成报文的转发功能；电台主要提供无线信道支持。在物理结构层面可以将节点结构分为单主机单电台、单主机多电台、多主机单电台和多主机多电台。

按照 Ad Hoc 网络结构来划分，可以将 Ad Hoc 网络分为平面结构和分级结构两种。

1. Ad Hoc 网络平面结构

Ad Hoc 网络的平面结构如图 8-1 所示，其中所有节点的地位平等，也可以称为对等式结构，原则上不存在瓶颈节点，比较健壮，并且节点的覆盖范围比较小，相对比较安全。当用户较多的时候，特别是在移动的情况下，存在处理能力弱、可扩充性差的缺点，由于每一个节点都需要知道到达其他所有节点的路由，而维护这些动态变换的路由信息需要大量的控制消息，故其主要适用于中小型网络。

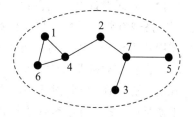

图 8-1　平面结构网络

2. Ad Hoc 网络分级结构

在分级结构中，将网络划分为簇。每个簇由一个簇头和多个簇成员组成。这些簇头形成高一级的网络。在高一级的网络中，又可以分簇，再次形成更高一级的网络，直到最高级。在分级结构中，簇头节点负责簇间的数据转发。簇头可以预先指定，也可以由节点使用算法自动选举产生。分级结构的网络又可以被分为单频分级和多频分级。

(1) 单频分级。单频率分级网络如图 8-2 所示，其所有节点使用同一个频率通信，为了实现簇头之间的通信，需要有网关节点（同时属于两个簇的节点）的支持。

(2) 多频分级。在多频网络中不同级采用不同的通信频率。低级节点的通信范围较小，而高级节点要覆盖较大的范围。高级的节点同时处于多个级中，有多个频率，用不同的频率实现不同级的通信。多频率分级网络如图 8-3 所示。

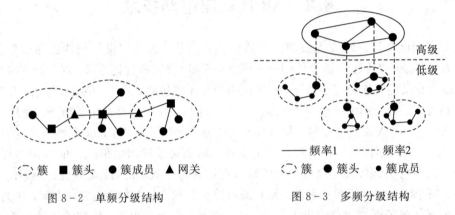

图 8-2 单频分级结构　　　　图 8-3 多频分级结构

在分级网络结构中，簇成员的功能比较简单、不需要维护复杂的路由信息。这也就大大减少了网络中的路由控制数量，具有平面结构所不具有的良好扩充性。由于簇头节点可以随时选举产生，分级结构也具有很强的抗毁性。分级结构的缺点是维护分级结构需要执行簇头选举算法，簇头节点可能会成为网络的瓶颈。

3. 多移动机器人 Ad Hoc 自组网

Ad Hoc 网络可用于多移动机器人系统自组网，现有的无线通信方式大都支持构建 Ad Hoc 网络，下面简要介绍基于蓝牙技术的多移动机器人 Ad Hoc 网络通信。

利用蓝牙的方式建立 Ad Hoc 网络时，在每个移动机器人本体上都安装蓝牙设备；蓝牙技术将传输的数据分割成数据包，利用 BNEP 蓝牙封装协议去定义数据包格式，在相同频段的蓝牙设备上传输网络协议数据包，使蓝牙设备有组建网络和交换信息的能力。这样，搭载有蓝牙设备的移动机器人能够在规定的空间范围内自动建立相互之间的联系，无需用户干预就可以自动连接并传输数据。

在各移动机器人建立蓝牙通信的过程中，移动机器人首先将自身蓝牙设备的蓝牙服务开启，使其随机选择进入 Ad Hoc 网络主节点或者从节点状态。成为主节点的蓝牙设备处于侦听的状态，并尝试搜索周围的设备，而其他节点则作为从节点，进入连接请求状态。当主节点发现从节点后，根据全球唯一的 UUID 号，来搜索其他移动机器人的蓝牙服务。只有 UUID 号相同的蓝牙设备才会被加入到搜索结果设备列表中，连接成功之后搭载蓝牙设备的移动机器人可以进行正常的通信。

如果两个移动机器人建立了蓝牙连接，一个移动机器人扮演主节点，另一个移动机器人则扮演从节点。主节点并无特权，只是控制着移动机器人之间的通信同步，主节点决定跳频样式和跳频序列的相位，通过不同的跳频序列来识别每一个从节点，并与之通信。

当移动机器人处在通信范围内的时候，使用 Client/Server（客户机/服务器）模式运用 Socket 套接字编程软件实现通信。Sokcet 接口实际上是一个 API 接口，其通信机制如图 8 - 4 所示。当网络传输层的模块程序要进行数据传输时，需要为其指定一个端口来进行收发。在创建套接字后，通过 bind 函数和 listen 函数，服务器端在某一端口等待客户端的连接请求。通过 connect 函数，客户端则可以向服务器端发送一个连接请求。这时服务器端可以通过 accept 函数来接收连接请求，accept 函数在收到请求后，会返回得到一个新的套接字，通过这个新的套接字来与该客户端进行通信。至此，服务器端和客户端之间的连接就建立起来了，接下来通过 receive 和 send 等函数进行通信。当通信结束的时候，调用 close 函数来关闭套接字，同时释放相关资源。

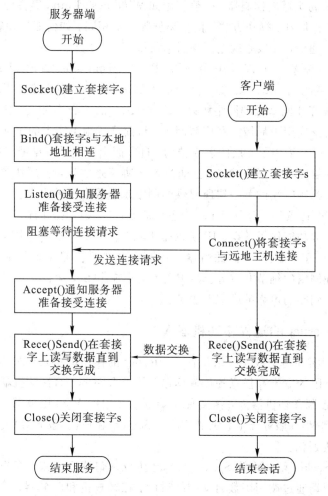

图 8 - 4　Socket 通信机制

每个移动机器人都是一个网络节点，首先初始化各节点，初始化的过程就是将蓝牙服务打开，然后随机运行客户端程序和服务器程序，建立通信套接字，服务器端首先进入监听状态，随后客户端套接字发送连接请求，请求到达服务器后被动接收，需要建立新的套接字进行通信，原来处于监听的套接字并无变化，依旧进行监听。如果由一个移动机器人主动发起连接，其他移动机器人响应，它们之间就会形成一个自组织网络，构成平面结构的 Ad Hoc 网络形式。

8.3　基于计算机网络的移动机器人通信

覆盖全球的 Internet 提供了无尽的信息资源，更提供了一种移动机器人远程控制和远程交互的手段。

8.3.1　TCP/ IP 协议

对于 Internet 来说，计算机是 Internet 网络的最大硬件载体和应用手段。各种型号的计算机可以作为移动机器人控制器，一般使用如 Windows、Linux 等各种不同的操作系统，且其内在结构、工作原理、操作方法、信号类型等也不相同。如何能够使得他们便捷方便、稳定地在 Internet 通信，其核心就是网络通信协议。

主流的操作系统基本上都是采用 TCP/IP(Transmission Control Protocol/Internet Protocol)协议族，事实上 Internet 的工业标准也都是 TCP/IP 协议族。TCP/IP 协议模型，包含了一系列构成互联网基础的网络协议，是 Internet 的核心协议，通过 20 多年的发展已日渐成熟，并被广泛应用于局域网和广域网中，目前已成为事实上的国际标准。

TCP/IP 通信协议采用了 4 层的层级结构，自底而上分别是数据链路层、网络层、传输层和应用层。每一层完成不同的功能，且通过若干协议来实现，上层协议使用下层协议提供的服务，每一层都呼叫它的下一层所提供的网络来完成自己的需求。

TCP/IP 是一个协议集，对 Internet 中主机的寻址方式，主机的命名机制，信息的传输规则，以及各种服务功能作了约定。IP 协议是 Internet 中的"交通规则"，连入 Internet 中的每台计算机及"处于十字路口"的路由器都必须熟知和遵守该"交通规则"。IP 运行于网络层。屏蔽各个物理网络的细节和差异。TCP 为传输控制协议，运行于传输层。利用 IP 层提供的服务，提供端到端的可靠的(TCP)服务。

8.3.2　基于 Internet 的远程移动机器人

为了能够在现实环境中成功应用，基于 Internet 的移动机器人要求高度自动化和本地智能化，以缓解有限的宽带和任意的传输延迟。基于 Internet 的移动机器人技术意味着从 Web 浏览器远程控制移动机器人，需要使用 Internet 中的 Web 服务器，远程控制端和移动机器人都连接到 Web 服务器上，使用 Client/Server(客户机/服务器)模式运用 Socket 套接字编程软件实现通信。

服务器调用 Socket 函数将此 Socket 与本地协议端口联系起来。客户端的程序也建立一个 Socket，客户端通过调用函数启动网络对话。在客户机和服务器建立连接后，就可以进行进一步的通信。

服务器端程序主要实现监听客户端的连接请求、为客户端的连接请求建立 Socket 队列、处理客户端发送来的数据等功能，并进行分析判断，根据接受到的不同字符信号转向不同的函数体，完成相应的网络控制，并向相应的客户端发送应答信息。

移动机器人通常作为客户端，其通信软件提供一套动态连接的库函数，在服务器端的应用程序中调用这些库函数，通过这些库函数的组合使用，实现对移动机器人系统的各种控制与操作，扩展了移动机器人的系统集成功能，实现移动机器人远程控制和网络控制。

在这个简单的结构中，移动机器人控制服务和 Web 服务可以集中在一台上位机上，也可以放在不同的上位机上，用 TCP 套接字将其连接起来，此结构非常容易增加更多的计算机来实现移动机器人控制，或者实现多移动机器人控制。

习　　题

8.1　查阅文献，了解 3G/4G/5G 通信技术。

8.2　蓝牙通信与红外通信的区别是什么？

8.3　WIFI 属于哪一种通信技术？

8.4　作为下位机，移动机器人如何与上位机通信？

8.5　利用 2 台移动机器人，组成 Ad Hoc 网络。

第9章　多移动机器人系统

在前面章节的介绍中，个体机器人的感知、处理能力已经非常接近人类处理日常事务的能力，通过人工智能算法的升级，各类机器人在很多较为单一的方面（例如加工、竞技、救援、排爆、识别等）有着能够超越人类的能力。而多机器人系统有可能对上述机器人能力进行扩展，所以，在机器人技术发展的过程中，多机器人系统一直是被重点研究的一个方面，特别是希望可以通过较为简单的机器人个体的合作完成更为复杂或单一机器人难以胜任的工作，进一步提升机器人系统的功能和效用。本章将对多机器人系统的应用环境、系统构成、协作原理以及常用算法进行详细的介绍。

本章重点
- 多移动机器人系统任务分配优化方法；
- 多移动机器人围捕方法。

9.1　多机器人系统简介

由多个机器人组成并且彼此可以进行信息交互，能够利用专门算法协作完成特定工作的系统，一般称为多机器人系统（Multi-Robot Systems，MRS）。多机器人系统的机器人在硬件组成和智能算法设计的投入上大多劣于为独立完成工作设计的机器人，但设计多机器人系统的初衷却是为了完成个体机器人不能够完成的工作，希望利用量与协作的优势在具体任务中接替个体机器人来工作。所以，为了明确多机器人系统及其主要特征，可以根据不同的任务和使用环境，将多机器人系统进行分类。

9.1.1　多机器人系统分类

按照是否具有移动能力，多机器人系统可主要分为固定式多机器人系统（多机械臂）、可移动多机器人系统和混合多机器人系统；同样也可以按照机器人的对应运动空间，以三维和二维空间运动进行直观分类。

1. 按移动能力分类

1）固定式多机器人系统

固定式多机器人系统近年来在工业生产车间大量出现，其中双臂机器人常常用于模拟人类，完成协同搬运、传递甚至手术等工作，图9-1所示为点焊机器人系统。固定式多机器人系统大多共存在一个较小的空间范围，利用多个机械臂前端相同或不同的操作机构完成任务，其中已经获得广泛应用的如点焊多机器人系统。

在汽车的生产流水线中，有非常多的环节需要多机械臂协作完成，其中点焊工艺环节存在4000～5000个焊点，因此，车身焊接质量的优劣以及焊接效率的高低对整车的制造起着决定性的作用。所以，点焊生产流程是一种典型的多机械臂的协作需求环境。多机器人系统设计需要综合考虑焊点分配、焊接路径、机器人可达性及避免碰撞等因素，通过对白车身侧围点焊多机器人协调焊接进行路径规划，实现多机人焊点任务均匀分配和单机器人焊接路径最优的焊接要求，提高生产效率。

图 9-1　点焊多机器人系统

　　此外，类似人类双臂，通过协同操作将单臂不能完成的工作完成，这也是多机械臂结构的多机器人系统的应用场景，如图 9-2 所示。

图 9-2　双臂协同机械臂操作示意图

　　图 9-2 示意的生产过程，描述了较为常见的固定式多机器人协同系统，这种系统的存在除了能够完成单臂无法完成的搬运工作外，还能完成对目标物体位姿的调整，特别是存在不稳定外部环境时，多机械臂系统的协同可以保障搬运工作局部的稳定，这类系统在空、天环境经常被用于保持物体的姿态，提供下一步装配、修理的基础。

　　图 9-3 中的双臂机器人系统展示了装配过程中对于多机器人系统的需求。装配过程本身就是一个需要多方协调，并将目标物确定在一定范围内，装配器件与被装配器件保持相对静态的过程。所以，多机械臂系统在装配工业环境中有较多的应用，在汽车整装车间、水下无人管道维修以及太空维修作业等方面替代了大量的人工工作。其最大的特征在于通过多个机械臂之间的协调，保证装配工作空间的相对稳定。图 9-3 是一款轻型多机械装配机器人，其被使用在了国际空间站的 ROKVISS 任务实验中，借助两个库卡 7 自由度带有关节扭矩传感器的 IIWAR800 机械臂的协同操作，完成在空间站中的物体装配。协同搬运多机械臂系统对于动态操作环境，具有良好的可靠性保障。

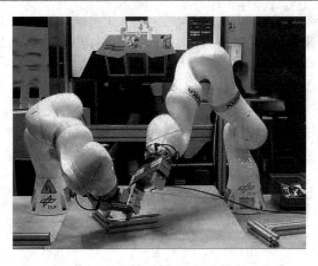

图 9 - 3　双 IIWAR800 机械臂协同搬运应用

2）可移动多机器人系统

可移动多机器人系统一般由几个至几十个移动机器人组成，可以由异构的移动机器人组成，但基本特征在于系统中机器人均可按照指令合作完成对象任务，系统中各个机器人的基本信息，如位置、速度、方向、目标、能量等数据能够进行交互，且整体系统的控制方案均以多机器人交互信息作为决策参考依据。移动式多机器人按照其行动决策发出方式又可分为集中式、分布式和混合式。

（1）集中式控制移动多机器人系统。早期的多机器人控制方式设计中采用集中式控制，各个机器人将自身当前状态按照固定通信协议模式上传至中央处理服务器，如图 9 - 4 所示。虽然系统各个机器人之间也存在通信的可能，但是下一时刻任务命令的决策来源于中央处理服务器对各机器人状态的评估，明显地，在机器人数量、状态或是执行任务类型增多的情况下，就会对中央服务器的计算能力效率提出较高的要求，更加重要的是采用集中式控制方式需要机器人与中央服务器之间具有良好的通信保证，这就制约了这种控制方式的应用场景。

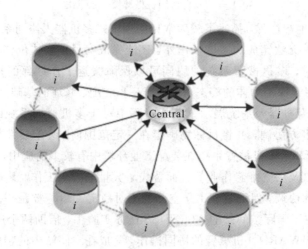

图 9 - 4　集中式控制方式

（2）分布式控制移动多机器人系统。对于移动多机器人系统较为不适用的集中式控制方式，特别是当多机器人系统中机器人的运行范围较大时，即使随着 5G 的发展，通信的弊端可以被改善，依旧存在集中计算和信息上下传递的时间和计算能力缺陷，这使得分布式控制更为广泛地应用于移动多机器人系统。

分布式多机器人系统能充分利用机器人的数据处理资源，分担中央处理机的压力，在灵活性、容错性方面具有很大优势；分布式控制最大的优势在于系统中每个机器人作为一个独立的个体感知环境，采用自身搭载的控制策略，结合区域内有信息交互的机器人状态调整自身状态，在自身搭载的 MCU 中完成自己的路径规划、冲突消解、避障等动态行为，从而降低计算系统的复杂度，较集中式控制方式能够在现响应的实时性具有优势。如图 9-5 所示，每个移动机器人均可以按照自身搭载的控制方法完成任务，也可以根据所在系统内不同机器人的状态、任务等完成冲突消解、协同 SLAM 等任务。

图 9-5　异构分布式移动多机器人系统

3）混合式多机器人系统

当然，可以结合移动平台的灵活性和固定平台的稳定性，组成具有混合结构的多机器人系统，其所能完成的任务、效率以及稳定性将大大超过固定式或移动式机器人的能力范围，但控制过程更加复杂。图 9-6 描述了一个分布式的移动多平台机械臂协作系统，该设计将一个不能够被单一机器人搬运的物体，采用多机器人系统协作完成搬运，该过程包含了协同操作、目标跟踪、区域覆盖等技术环节。

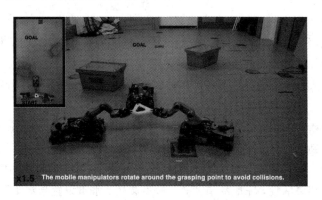

图 9-6　混合式多机器人系统平台示意图

2. 根据多机器人运动空间分类

1）以三维控制为主的多机器人系统

以空中多机器人系统为例的三维空间运动多机器人系统具有代表性的便是 2017 年出现在西安市南门上空的四旋翼群集编队，如图 9-7 所示。单一的四旋翼控制可以依靠人类完成，但是多机器人、群体机器人系统则需要按照事先设定好的程序完成。完成的主要功能是让不同集合的四旋翼悬停在指定高度，再利用不同高度的机器人形成二维或三维空间，也就是利用四旋翼能够悬停的特征在空中构建出一个类似 LED 点阵的框架，然后通过调节四旋翼上的灯光形成不同的图样。

图 9-7 多四旋翼组成灯光展示

对于群集四旋翼系统，其设计目的的重点并不在于机器人之间的合作，或者说各个四旋翼之间并不会产生因为彼此位置关系的变化而受影响或影响其他个体的行为；而在于按照协同规则将多机器人作为一个整体进行控制并完成任务。但是，对于空中机器人其首要解决的应是自身稳定问题，特别是其运动过程需要持续的动力支持，这对控制系统提出较高的要求。因此，对于空中多机器人系统的协同控制尚处于研究细化阶段，未有明显较成熟的实际应用案例。

同样以三维空间作为应用空间的多机器人系统，还有水下环境。与空中环境不同在于，水下环境能够为机器人提供一个无动力条件下较稳定的静止状态，因此，根据不同任务在不同的水下器具上增加智能设备，使其能够自主跟随或按照需求进行编队、局部通信、组网等以形成水下多机器人系统。相对水下单个机器人，多机器人系统能够在特定的任务中展现出极强的优势，整体工作范围得到了扩大，整个系统的鲁棒性得到了提升。多机器人系统已经在具体的应用中开始崭露头角，如水面移动多机器人的通信中继、组网；水下移动多机器人对深海地形地貌的勘测、海底矿产资源的探测、沉船数据的收集以及水下目标的围捕、海底石油管道无损检测、水下桥墩的维护作业等应用；军事领域则可利用移动机器人和介质特点，合理利用其隐蔽性和灵活性，完成敌情侦查、援潜救生、水雷设置与水雷引爆或拆除等任务。

当然，以多机械臂的工作前端和工作空间定位来说，它也属于三维空间特征的多机器人系统。

2）二维空间特征的多机器人系统

一般将在平面运动的多机器人系统认为是二维特征的多机器人系统,其中主要包括轮式机器人、履带式机器人、仿生动物足类机器人等。这些机器人本体的运动空间是相似的,但是其结构差别较大。结构差别主要取决于该机器人使用的地形环境,如轮式机器人,常用于铺装较为平坦的道路,承载较低的物品,如仓储、物流的分类、园区的巡逻、变电站的无人值守与监测等;履带式机器人,常见用于草地、沙地等轮式结构容易被阻碍的场地,履带式结构移动机器人承载能力较轮式机器人大,能耗也大,常见用于拆弹、武器搭载、工程机械搭载等场景;仿生动物足类机器人,根据其仿生对象的不同,足类数目也不尽相同,近年常见的有 Boston Power 的双足类人、四足机器狗、“六足蚂蚁”“八足蜘蛛”等,其主要优越性表现在可在不规则地形中运动,以及类似智能生物的外形结构,并且一部分类型机器人如机器狗,已经在美军的阿富汗战争中使用,用于武器搬运、战地守护以及通信中继、组网等。

9.1.2　多机器人系统任务分类

根据多机器人系统执行任务内容的不同,可以将多机器人系统任务分为多机器人装配、多机器人焊接、多机器人编队、多机器人围捕、多机器人协同 SLAM、多机器人协同避障等。但对于多机器人系统的机器人之间协同控制过程,可以根据空间与时间上是否存在冲突与共享关系进行特征分析。

1. 按照是否存在空间冲突任务分类

1）无空间冲突任务

以多机器人系统的装配任务为例,可以大致分为两种,一是并行关系,系统中每个机器人只关心自己负责的工作内容,如图 9 - 8 所示,两机器人之间的工作没有前后时序关系,不需要机器人之间的直接配合,这种工作方式又称为并联机器人。

图 9 - 8　Delta 并联机器人操作示意图

二是需要协同作业,这种协同内容又可以分为空间共享协同和工作内容协同,协同作业如图 9 - 9 所示的陕汽车厢焊接车间,空间共享协同在焊接机器人中更为常见,此处不再赘述。关于工作内容协同，以组装过程为例，主要需要两个或两个以上的机械臂，对装配本体和装配零件提供一个相对稳定的作业状态，相对于并行多机器人系统的优势在于，一个被装配本体能够在一个稳定的空间内被多次旋转、平移，配合另一个机械臂操作完成一轮装配任务，这种方式可以有效减少被装配本体的移动。

图 9-9　陕汽集团车厢焊接车间多机器人操作

2）存在空间冲突的多机器人任务

多机器人焊接工作是一个非常有特点的存在操作空间冲突的任务，图 9-10 所示动态调整操作序列的多机器人无碰撞运动规划，是针对车体焊接问题进行多机械臂协同控制的范例。该范例说明了多机器人在共享工作空间内协调工作，能有效地提高生产效率并减少空间资源，但同样存在多机器人互斥工作区域冲突的问题，所以多机器人局部空间共享与工作区、工作端轨迹互斥是该类多机器人任务的基本特征。

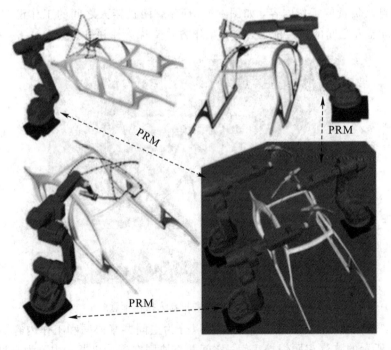

图 9-10　多机器人无碰撞运动规划

2. 按照多机器人系统中的任务分配需求分类

1）静态任务分配

静态任务分配主要出现在系统第一次上线时，即在任务分配初始时刻所有工位均处于未分配状态，机器人处于空闲状态；或是车间中某台机器进行检修，首次加入到车间生产系统中时，该并条机整机工位均处于未分配状态。在任务分配决策过程中，每个机器人根据目标函数值，选择最适合自己的任务，如果有机器人选择了相同的任务，则它们之间呈现协作关系。任务执行时，由于每个智能机器人被认为单独完成任务的能力有限，因此，每个机器人在时刻 t 只能选择一个任务 T 执行，每个任务需要由多个机器人协作且机器人处于空闲状态才能响应任务的请求。

2）动态任务分配

在实际生产中，当动态情况发生时，定义动态情况为系统中某一时刻 t 有新任务的产生或任务丢失事件发生时，环境的动态变化会导致任务完成的代价发生变化，从而导致目标函数值的变化，故系统需要根据机器人的能力约束和目标值，尽量在不改变原期望的结果的情况下快速寻找最优调整策略。这就要求将一组任务分配给一组机器人的同时，要将能力约束与任务调度结合起来，在约束条件中建立和时间有关的目标函数，目标找到一组任务的最优分配给一个机器人子集，该子集将负责完成任务。

3. 按照机器人对任务的执行情况分类

1）紧耦合型任务

紧耦合型任务是指在系统中一个任务的完成需要多个机器人相互协作，且任务不能被分解。系统中如果完成任务所需的机器人中有一个不能参与或出现故障，则任务将不能被完成。

2）松耦合型任务

松耦合型任务是指在多机器人系统中，机器人个体之间在没有紧密通信的情况下能够单独完成某项任务。一般情况下一个任务是可被分解的，这个任务的子任务可以交给具有任务执行能力的个体单独完成。

9.2　多机器人系统多任务及优化分配方法

任务的实时、合理分配是多机器人系统高效率运行的必要条件，但当环境中目标较多且任务并非单一时，快速寻找多机器人的多任务分配的最优值对于寻优模型具有较大的挑战。任务分配问题可以简单概括为用一致的策略将不同的机器人分配给相应的任务，或为一组给定的任务和机器人分配合理的目标。机器人的任务执行获利与消耗的数学抽象，可通过任务执行特征，定义多机器人的收益值模型，将寻求收益值模型的最优值用于多机器人—多任务的分配中。

9.2.1　多机器人系统任务描述

多机器人—多目标—多任务问题的求解，可以理解为 t 时刻将 r 个机器人分配到 k 个期望的目标位置执行 n 个存在的任务，即存在一个 $r \times k \times n$ 的三维任务求解集合，当目标、任务数增长时，用于工作的机器人数量随之增长，造成待求解集合的数据成级数增长。

1. 目标集与任务集

为了使多机器人的收益值模型具有良好的普适性，不限定特定目标，将目标特征进行数字化表达。同一目标存在有限种任务需要执行，则 t 时刻包含 k 个目标集合可表示为

$$\text{Objects}(t) = (O^1, O^2, \cdots, O^o), o = [1, 2, \cdots, k] \tag{9-1}$$

则对于第 o 个目标可能存在需要被执行的任务种类可描述为

$$\text{Tasks}^o(t) = (\text{task}_1^o, \text{task}_2^o, \cdots, \text{task}_j^o), j = [1, 2, \cdots, n] \tag{9-2}$$

则 t 时刻全局任务集合如式(9-3)所示，存在 $k \times n$ 个任务需求：

$$\text{Objects}(t)^T \times \text{Tasks}^o(t) = \begin{bmatrix} T_1^1 & \cdots & T_n^1 \\ \vdots & \ddots & \vdots \\ T_1^k & \cdots & T_n^k \end{bmatrix} \tag{9-3}$$

对于具体的第 o 个目标的第 j 个任务，存在的基本任务特征定义如下：

(1) 任务位置特征 $P_j^o(x(t), y(t))$，任务响应需求位置，与任务被执行位置一致，其位置特征不随时间变化；

(2) 任务价值权值 $W_j^o(t)$，代表当前第 o 个目标第 j 个任务被执行的价值；

(3) 等待优先级特征 $D_j^o(t)$，假设任务响应等待时间越长，被响应优先级越高，可使等待时间长的任务优先被响应。等待时间由上一时刻机器人组完成任务的时间确定，如式(9-4)所示。

$$D_j^o(t) = \text{operation}_i^o(t-1) + \frac{\text{distance}_i^o(t-1)}{v_i} \tag{9-4}$$

式(9-4)中，$\text{operation}_{ij}^o(t-1)$、$\text{distance}_{ij}^o(t-1)/v_i$ 分别是 t 时刻获得分配的机器人 i 在上一时刻 $t-1$ 完成工作的操作时间和运动时间的表达式，v_i 是第 i 个机器人的速度。

2. 多任务与机器人收益模型

$C_{ij}^o(t)$ 表示 t 时刻第 i 个机器人执行第 o 个目标的第 j 个任务时付出的消耗(Consumption)，例如电量(power)的耗费，根据与分配任务的距离关系可以具体量化为

$$C_{ij}^o(t) = \left(\frac{\text{power}_{ij}(t)}{\text{power}_i} \right) * \text{distance}_{ij}^o(t) \tag{9-5}$$

power_i 是第 i 个机器人的当前电量，$\text{power}_{ij}(t)$、$\text{distance}_{ij}^o(t)$ 分别表示机器人 t 时刻位置 $R_i(x(t), y(t))$ 与分配到第 o 个目标第 j 个任务坐标之间的电量使用值和曼哈顿距离，单位为米，距离可具体表示为

$$\text{distance}_{ij}^o(t) = \text{manhataan}(R_i(x(t), y(t)), P_j^o(x(t), y(t))) \tag{9-6}$$

对于任务来说，等待被执行时间越长，越具有较高优先级，与机器人执行相距距离越短越具有较高优先级，即任务价值越高。

$H_{ij}^o(t)$ 表示 t 时刻第 i 个机器人执行第 o 个目标的第 j 个任务时获得的收益(Harvest)，对于存在最大延迟时间限制 $D_{\lim}$ 的收益值计算如下：

$$H_{ij}^o(t) = \begin{cases} (D_j^o(t) \times W_j^o(t)) / C_{ij}^o(t), & D_j^o(t) \leqslant D_{\lim} \\ \dfrac{W_j^o(t)}{(D_j^o(t)} - D_{\lim}) \times C_{ij}^o(t), & D_j^o(t) > D_{\lim} \end{cases} \tag{9-7}$$

机器人 i 对应目标—任务集合存在一个收益矩阵 $\boldsymbol{H}_i(t)$，$\boldsymbol{H}_i(t)$ 表达如下：

$$\boldsymbol{H}_i(t) = \begin{bmatrix} H_{i1}^1(t) & \cdots & H_{in}^1(t) \\ \vdots & \ddots & \vdots \\ H_{i1}^k(t) & \cdots & H_{in}^k(t) \end{bmatrix} \qquad (9-8)$$

对于单一机器人 i 下一时刻的诱导（Guide）执行位，选择收益值最大，如下：

$$G_{ij}^o(t) = \max \begin{bmatrix} H_{i1}^1(t) & \cdots & H_{in}^1(t) \\ \vdots & \ddots & \vdots \\ H_{i1}^k(t) & \cdots & H_{in}^k(t) \end{bmatrix} \qquad (9-9)$$

即对于第 i 个机器人需要对任务集进行遍历计算其收益值矩阵 $\boldsymbol{H}_i$，并获得最优值作为诱导位，如图 9-11 所示。

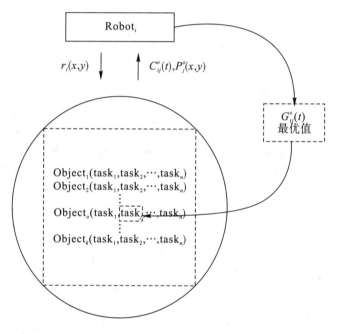

图 9-11　单机器人多任务寻优示意图

3. 多任务与多机器人全局收益模型

面向随机变化的多任务需求，多机器人系统收益全局寻优过程中，需要考察以下问题：

（1）难以解决同一任务多个机器人的收益值相等，以及同一机器人，多个任务收益相同的情况。

（2）有"无放回寻优"风险，即当一个机器人将某任务取走，任务集中不再有该任务用于其他机器人最优收益评价，造成任务的局部最优值与全局最优值不统一。

（3）多个个体机器人的最优求和，不能证明在"无放回寻优"的多机器人多任务分配过程中是全局最优的。

因此，需要进行所有任务的分配收益评价，以获取全局最优值。

首先，在 t 时刻，我们将机器人集合与多目标-多任务集合可能存在的收益值放入同一个全局收益值矩阵中，如式(9-10)所示。

$$\text{Total}(t) = \left[\boldsymbol{H}_1(t), \boldsymbol{H}_2(t), \cdots, \boldsymbol{H}_m(t) \right], m = (1, 2, \cdots, r \times n \times k) \quad (9-10)$$

可见全局收益矩阵的子矩阵数为 r 个，与 t 时刻能够进行工作的机器人数量相同。

每次对每个收益子矩阵取一个收益值，进行和值计算，则可组成全局收益值遍历矩阵 $\boldsymbol{A}(\text{All})$，如式(9-11)所示。

$$\boldsymbol{A}^{\mathrm{T}}(t) = \begin{pmatrix} h_{1,1}^1(t) & \cdots & h_{r,1}^1(t) \\ \vdots & \ddots & \vdots \\ h_{r,1}^1(t) & & h_{r,n}^1(t) \end{pmatrix} = \begin{bmatrix} H_1(t) \\ \vdots \\ H_{r\times n\times k}(t) \end{bmatrix} \quad (9-11)$$

式(9-11)中收益值的获取需保证目标任务被执行的唯一性，通过式(9-12)确定式(9-11)的各行组合是唯一的。

$$(h_{i,j}^o, \cdots, h_{c,b}^a) \mid ((h_{i,j}^o \in \text{Total}(t), i \neq c \in (1, 2, \cdots, r)))) \bigcap (o \neq a \bigcup j \neq b) \quad (9-12)$$

则获得全局最优值(Global Optimum，GO)：

$$\text{GO}_i(t) = \max \sum_{i=1}^r \boldsymbol{H}_m(h_{i,j}^o), m = 1, 2, \cdots, r \times n \times k \quad (9-13)$$

式(9-13)可获得全局最优评价条件下的个体机器人取值，$\boldsymbol{H}_m(h_{i,j}^o)$ 即对应全局最优第 m 个子收益矩阵，角标表示第 i 个机器人执行第 o 个目标的第 j 个任务。分配流程示意图如图9-12所示。

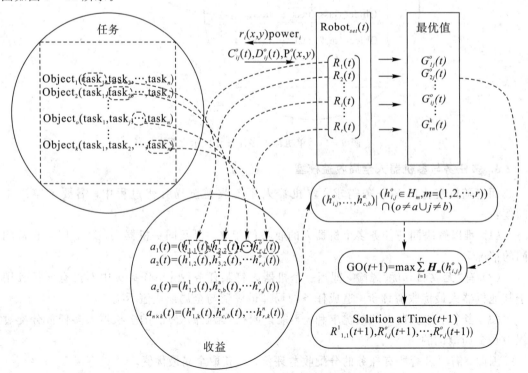

图9-12 多机器人多任务寻优分配流程示意图

通过上述多任务—多机器人全局收益模型的建立，可以根据具体的应用对象，结合不同的任务分配寻优方法来求解多机器人系统的多任务最优分配结果。

9.2.2　多机器人系统任务分配方法

机器人的任务分配是多机器人领域的一个研究热点，已有应用研究表明，多机器人系统首先要解决的问题是在有限的时间内，目标任务分配集合能够被多机器人群集合所响应并执行，且希望在短时间内获得多任务集合的分配结果最优。对此，现有相关研究工作主要分为集中式任务分配方法和分散式任务分配方法。

集中式任务分配方法要求机器人拥有系统的全局信息，中央控制系统计算最优或者接近最优的决策，使多机器人系统效率最大化。集中决策过程通常被建模为整数规划，虽然这些方法可以找到最优解，但不满足充分信息的要求，这就需要用分布式任务分配方法解决此问题。

在分散式任务分配方法中，每个机器人都需要做出自己的决策，因而系统灵活性和鲁棒性更好。机器人之间可以相互协作，使系统的效率最大化。协商是分布式机器人相互合作的有效方式，但是一个机器人只能协商一次。如果一个机器人想要参与另一个协商，则需要离线并重新编程以调整新的协商协议，即机器人不是独立于协议的。然而，不同的环境中，机器人往往需要与不同的团队成员共同完成不同的工作。

现有的分布式任务分配方法主要有三种类型：基于优化的方法、基于市场的方法和基于博弈的方法。

1. 基于优化的方法

由于每个迭代步都存在矩阵等待最优分配求解，为了能够获得相对更优的解决方案，学者们利用分布式计算、群集智能等，提出了多种优化模型和算法。虽然基于优化的方法具有良好的探索性和广泛的应用领域，但很难设计出合适的局部决策规则。大多数基于优化的方法都用于集中式任务分配。

2. 基于市场的方法

拍卖算法是一种典型的基于市场的方法，它是一个迭代过程，通过比较多个机器人的出价以确定最佳报价，最后的交易由出价最高者获得。虽然基于市场的方法具有良好的鲁棒性和可扩展性，但也存在一些缺陷，如缺乏有效的个体控制策略实际方法以及会在引入必要的谈判和惩罚方案时表现不佳。

3. 基于博弈的方法

近年来，关于分布式博弈决策的研究工作层出不穷。从是否存在外部权威来执行规则的角度来看，博弈可以分为合作博弈和非合作博弈。在合作博弈中，首先使特征联盟形成博弈，利用收益和损耗关系来解决多自主机器人之间的任务分配问题。借鉴经济学中的博弈论，将其进行启发式改进并应用于任务分配中，较好地解决了上述机器人在资源分配中存在的问题。但该方法需要考虑博弈者双方的利益，在两者之间达到一个均衡状态，就很难达到全局最优或近似全局最优。利用博弈论解决多机器人动态任务分配，需要解决两个关键问题：① 博弈模型效率低下；② 学习算法缺乏实时性和全局优化能力。

9.2.3　移动多机器人系统任务分配优化方法及应用

移动多机器人系统常用于处理多目标和多任务(MRMOT),无论是已经普及应用的智能仓储,还是根据特定工艺流程研发的车间移动多机器人系统,都需要对其所需求的多任务、多目标进行建模。纺织厂车间的生产方式明显是具有多机器人系统需求的场景,因此这里以纺织生产车间为描述环境,进而根据实际的应用场景进行分配方法的优化研究。

1.车间多目标多任务的模型描述

以纺织厂精梳车间为例,精梳车间机器人搬运过程中的任务分配是指某一并条机在对上一棉卷加工完成之后,有下一个任务加工需求但工位空缺时,哪一个机器人去响应任务的号召并将精梳机加工完成的棉卷从精梳机搬运到并条机相应工位。

具体针对如图9-13所示的精梳车间工艺流程图中虚线框中部分的任务分配,以并条机工位作为任务对象,棉卷作为搬运对象。

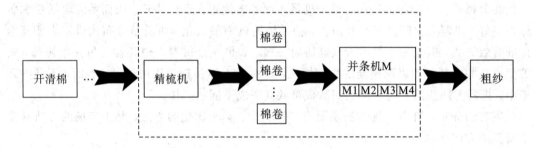

图9-13　精梳车间工艺流程图

传统纺织车间需要人工判断并使用推车进行棉卷的转运和上料。如图9-13所示,并条机端 M 有四个工作点位 M1、M2、M3、M4 需要同时换料,在给并条机上料之前需要等待精梳机加工完成,这会造成取料延误,同时,工人就近取料也易造成远处并条机的等待从而延误时间。

将实际车间生产环境构造为如图9-14(a)所示的多机器人随机分布的精梳机车间示意图,每一个机器人只有负载一个棉卷的能力,只要并条机某一工位有任务需求,则机器

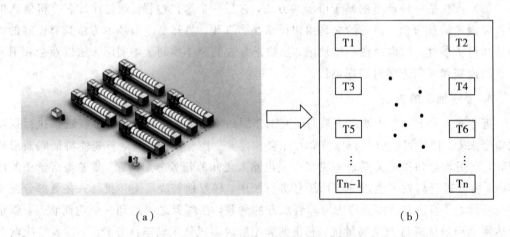

（a）　　　　　　　　　　　　　　（b）

图9-14　精梳车间机器分布和车间任务抽象简化图

人就能够响应，使各工位之间独立运行，换料时间互不等待。针对工序特征，将每个工作点位独立作为供料对象。

2. 机器人及任务抽象描述

多任务的完成需要移动机器人具有相互合作、协调和谈判的能力，因此移动机器人需要进行自身判断和信息共享。在纺织品生产系统中，可将执行搬运工作的移动机器人抽象成一个具有简单逻辑判断的机器人 Agent。同时，由于从精梳机上下料的棉卷在厚度上存在一定的差异，并且任意两个并条机的不同工作点在工作完成时间上不同步，因而对于顺序执行和分配仅存在于车间内机器首次开车工作时，任务的产生是随机的，个体任务产生时的机器人个体状态也是随机的。因此，类纺织车间棉卷搬运任务分配问题是一个动态决策问题。随时间的变化而变化，也包括环境变化，因此从实现的角度来看，可以看作是三个基本对象时间、任务环境状态信息和机器人之间的交互，所以该问题符合在时间上迭代求解。

具体纺织生产过程中的任务环境抽象简化为如图 9-14(b) 所示，图中方框表示生产工位，T1~Tn 代表存在 n 个任务需求（即任务分布情况），黑色圆点表示具有简单思维判断的智能移动机器人。

综上所述，以现实需求的场景为例，某时刻、某工位处有任务执行需求（装载/卸载）时，则会向分布在工位周边的多个机器人发出任务请求，机器人根据自身状态进行应答。

3. 基于博弈论算法的多任务分配方法实现

依据前三小节描述的机器人模型和应答模式，现引入博弈论算法对移动多机器人的任务分配方法实现进行介绍。

1）工位任务状态描述

在某一时刻 t，工位任务 T_i 的状态用函数 $State T_i(t)=(pos_i, call_i(t), Reward_i^t)$ 描述，该函数中 pos_i 表示任务 T_i 的位置坐标信息；$call_i(t)=1$ 时表示生产过程中 t 时刻 T_i 对机器人有任务请求，$call_i(t)=0$ 时表示生产过程中 t 时刻 T_i 对机器人无任务请求；$Reward_i^t$ 表示 t 时刻任务 T_i 被某一机器人执行后，该机器人所能得到的收益。

2）机器人状态

在 t 时刻机器人 A_j 的状态用函数 $State A_j(t)(pos_j(t), e_j(t), v_j, \boldsymbol{q}(t))$ 描述，该函数中 $pos_j(t)$ 是机器人 A_j 在 t 时刻的位置坐标信息；$e_j(t)$ 表示机器人 A_j 在 t 时刻相应的能量存储值；v_j 是机器人 A_j 的速度值；$\boldsymbol{q}(t)$ 是 t 时刻的机器人 A_j 任务分配状态矩阵。

$$\boldsymbol{q}_{ij}(t) = \begin{cases} 1 \\ 0 \end{cases} \quad (i=1, 2, \cdots, n; j=1, 2, \cdots, m) \qquad (9-14)$$

$\boldsymbol{q}_{ij}(t)=1$ 表示在 t 时刻将目标任务 T_i 分配给了机器人 A_j；$\boldsymbol{q}_{ij}(t)=0$ 表示未将目标任务 T_i 分配给 A_j，即机器人 A_j 处于无任务的空闲状态。机器人间的信息交互能力用 con 表示，con 为 $n \times n$ 的矩阵，其元素 con_{ij} 表示机器人之间的通信网络连接强度，$con_{ij}=k$，$k \in [0, 1]$，其中 1 表示强连接，0 表示无连接。

t 时刻机器人 A_j 完成任务 T_i 的能力表示如下：

$$cap_{ij}(t) = e_j(t) - FP_i \qquad (9-15)$$

式中 F 是阻力常量，P_i 是执行任务 T_i 所需的距离代价。

任务分配映射关系：$\mathbb{R}$：$T \times A \Rightarrow \{S_1, S_2, \cdots, S_i\}$，$S_i$ 是对任务 T_i 特定的任务集合。

3）目标函数

某一时刻进行多任务分配的目的是计算该时刻多个任务的完成收益，并寻找全局收益最大化的分配，即要求该时刻各个机器人全局消耗最优，任务收益最大。也就是本节所述移动机器人在获得任务后保留最大能量存储和最大任务收益，因此认为系统目标函数是整个机器人个体能力与收益的总和。目标效用函数的定义如下：

$$\max A_t(T_i, S_i) = \sum_{\forall A_j \in A} \sum_{\forall T_i \in T} [\text{cap}_{ij}(T_i, S_i) + \text{Reward}_i^t] \times d_{ij} \tag{9-16}$$

其中 (T_i, S_i) 表示完成任务 T_i 所形成的机器人集合。

上式满足条件

$$\sum_{\forall T_i \in T} d_{ij} \leqslant 1, \ \forall A_j \in A$$

$$d_{ij} \in \{0, 1\}, \ \forall T_i \in T, \ \forall A_j \in A \tag{9-17}$$

这里的 d_{ij} 是机器人的二进制决策变量，指是否执行任务 T_i。

4）面向移动多机器人的多任务分配算法

以往在全连接网络中，每次迭代只选择一个机器人（领导者）来做决策。而本章提出的分布式的决策算法，将纺织车间搬运机器人任务分配问题转化为一个博弈事件，建立一个针对特定任务无须领导机制的机器人集合决策框架，当有任务需求时，其中每一个机器人都会根据自己的状态 $\text{State}A_j(t)$ 加入一个集合。

（1）决策过程。

机器人在寻找一个任务工位时，需要进行博弈分析选择策略。系统初始时，定义每个机器人 A_j 以无序的方式移动，对于任务 T_i 用集合 $l^i = (l_1^i, l_2^i, \cdots, l_m^i)$ 表示机器人对该任务的偏好关系。偏好关系用符号"$>$"和"$<$"表示，例如 $a > b$ 表示机器人对 a 的偏好强度强于对 b 的偏好强度，而 $a < b$ 表示机器人对 a 的偏好强度弱于对 b 的偏好强度。机器人 A_j 的偏好关系可以根据任务收益从 $\max A_t(T, l)$ 中导出。例如对于 A_j，若存在 $\max A_t(T_1, l^1, j) > \max A_t(T_2, l_j^2)$，则认为机器人 A_j 对执行任务 T_1 相对于任务 T_2 的强偏好关系，表示为 $(T_1, l_j^1) >_j (T_2, l_j^2)$；若 $\max A_t(T_1, l_1) < \max A_t(T_2, l_2)$，则表示机器人 A_j 对执行任务 T_1 相对于任务 T_2 的弱偏好关系，表示为 $(T_1, l_j^1) <_j (T_2, l_j^2)$。在博弈论中，机器人总是偏向于寻找强偏好关系的任务。

（2）纳什稳定性分区的建立。

对机器人建立不相交分区 $\Pi = \{S_1, S_2, \cdots, S_i\}$，如果对于任意一个机器人 $A_j \in A$，存在 $\max A(T_{\Pi(j)}, |S_{\Pi(j)}|) \geqslant \max A(T_i, |S_i \cup \{A_j\}|)$，$\forall S_i \in \Pi$，则称这个分区 Π 是 Nash 稳定的；即在 Nash 稳定分区中，与其他任何集合相比，每一个机器人都更倾向于其当前所在的集合。每个机器人在该分区内无须任何形式的信息和通信技术，任何机器人不得单方面偏离其目前的决定，系统保持一种稳定状态。

（3）决策结果。

决策结果即在机器人寻找强偏好任务的决策过程中 Nash 均衡理论决定任务的最终分配结果。Nash 稳定分区一旦建立，任意一个机器人都不可能在其他机器人任务完成策略不变时单方面改变任务完成策略，增加其整体收益，即对任务目标生成了一种最优策略组合。

（4）对不确定性问题的适应。

将纺织车间多机器人系统的不确定性主要归结为机器人的机械故障、搬运机器人的动作输出故障、噪音所造成的通信的不确定性和传感器的不确定性。当前主要考虑车间环境下的多任务分配问题，在任务分配过程中机器人只对任务需求作响应，即只考虑任务层面的协调，而不考虑多机器人运动控制层面的协同，所以搬运机器人动作输出的不确定性和传感器所造成的运动上的不确定性不在本节考虑范围；机械故障所造成的工位停工、任务需求中止，属于任务动态的发生；另外，由于任务分配很难保证每个机器人之间能够强通信连接，因此我们将噪音所造成的通信的不确定性和传感器信息感知的不确定性归结为通信失效，而针对通信失效的问题，在本章多机器人博弈的分布式智能算法中，以局部信息广播的形式做个体信息的交互，对通信具备很好的自适应能力，具体在模型中体现为每个机器人只需根据自己的目标效用函数 maxA 选择加入任务分区 Π，只需将自己的决策状态 d_{ij} 广播出去，而其他机器人只根据自身所获得的局部信息 State(t) 做出决策，并同时影响其相邻机器人。决策实现的算法流程如图 9 - 15 所示。

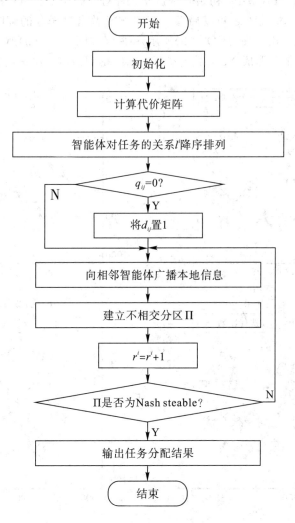

图 9 - 15　决策实现的算法流程

（5）仿真实验与结果分析。

① 实验环境描述。

根据实际生产需求，本节实验中的任务为紧耦合型任务，即每个任务的完成需要多个机器人的合作，要求将 m 个机器人合理地分配给 n 个工位的任务，任务的分配决策过程应该由机器人以分布式的、自组织的方式完成。

② 数据初始化及实验流程。

算法实现过程及结果：本实验在 MATLAB R2016a 上实现。实验结果图 9-16 描述了用于任务（$n=6$）分配的多个机器人（$m=60$）的分布式决策过程，任务分布在 1000×1000 的范围，机器人分布在 800×800 的范围内。图中 X，Y 为伪坐标，用于描述机器人位置之间的相互关系，♯迭代次数为迭代不同次数时的结果表现。

各线段上的图形表示机器人，t1～t5 所对应的不同图形则表示不同的任务，图形之间的线代表机器人的通信网络。为了直观，本章任务分配结果根据图形的区分将有色机器人被分配给相同图形的任务；例如正方形机器人（图中正方形）属于执行正方形任务（对应任务 t2）的集合。如图 9-16(a)中，初始时刻机器人针对任务需求决策处于随机状态，随着时间的推移，算法迭代，机器人之间以局部交互的方式做出对任务的临时决策（迭代过程如图 9-16 中(b)、(c)、(d)、(e)、(f)、(h)所示）。最终如图 9-16(h)所示，经过 143 次算法迭代之后，各机器人集合形成 Nash 稳定分区，系统得到稳定的决策结果。

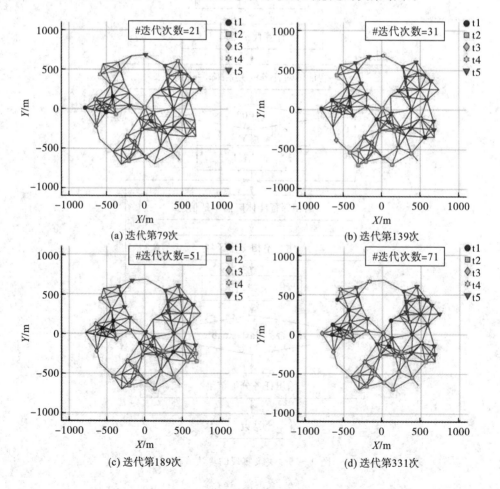

(a) 迭代第79次　　　　　　　　　　(b) 迭代第139次

(c) 迭代第189次　　　　　　　　　　(d) 迭代第331次

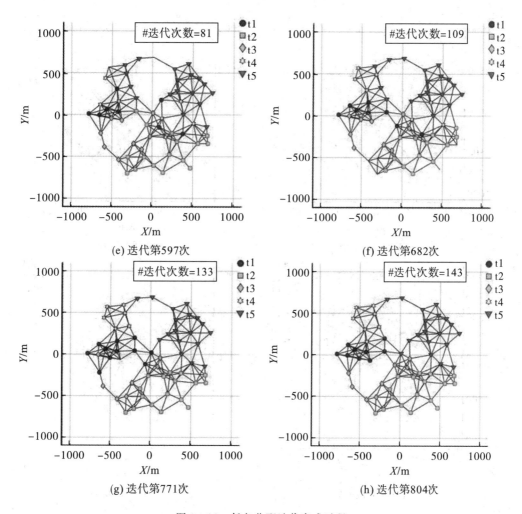

图 9 - 16　任务分配迭代完成过程

③ 实验结果及分析。

为验证本章算法针对不同任务的完成效率，本章首先进行了弱通信网络强度下不同任务需求数量的任务分配结果的比较，完成了机器人个数 $m=60$，任务个数 n 分别为 5、6、7、8 状态下的任务分配。以算法迭代次数作为性能评价依据，实验结果如图 9 - 17 所示，在相同数量的执行机器人下，任务 n 分别为 5、6、7、8 时任务分配完成算法迭代次数分别为 143、146、145、148。可以看出，在弱通信网络强度状态下任务的增加对本章任务分配决策的完成效率影响并不显著。

分别取任务数 n 为 4、5、6、7、8 时的不同数量级机器人的任务分配完成性能实验，结果如表 9 - 1 所示。紧耦合型任务中机器人数量 m 略多于任务数量 n 时，算法均能快速迭代完成分配。观察表 9 - 1 中每一行实验数据可知，不论机器人数量 m 的值取多少，对于任务数 n 分别为 4、5、6、7、8，算法迭代结果均比较接近，不存在明显异常情况，那么可以得到如前文所述的结果，即本章算法在同一数量级机器人情况下，每一行中任务的增加对决策的完成效率影响并不显著。

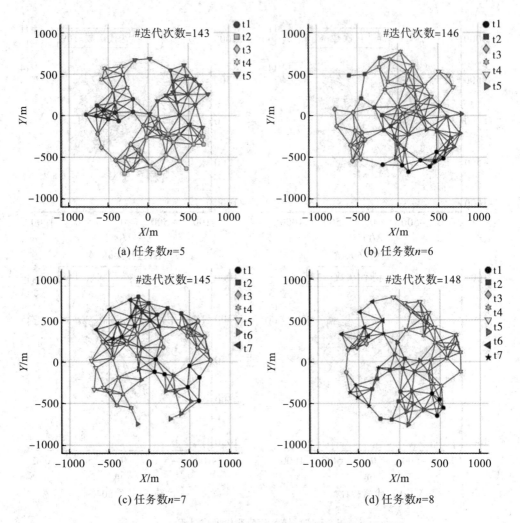

图 9 - 17　相同数量机器人在不同任务数量下的完成结果

表 9 - 1　不同数量级 *m*、*n* 下算法迭代性能结果

m	迭代次数/次				
	n = 4	*n* = 5	*n* = 6	*n* = 7	*n* = 8
10	14	13	14	12	14
15	23	26	25	23	24
20	38	41	38	38	43
25	55	57	53	49	46
30	68	70	63	72	67
35	73	88	67	85	79
40	89	97	99	94	83
45	107	104	103	98	109

m	迭代次数/次				
	$n=4$	$n=5$	$n=6$	$n=7$	$n=8$
50	112	122	111	122	117
55	124	125	141	134	129
60	158	146	147	150	135
65	166	149	167	164	148
70	166	175	174	165	158
75	168	163	175	180	180
80	178	183	206	189	173
85	185	203	216	207	197
90	216	224	224	214	221
95	223	245	232	221	232
100	223	231	232	243	245
105	233	276	251	258	273
110	251	261	277	263	280
115	236	292	301	284	303
120	247	285	307	302	319
125	…	295	309	306	342
130	…	331	311	314	305
135	…	…	329	334	328

从表 9-1 数据也可看出，随着机器人数量的增加，算法中机器人需要更多的信息交互，因此算法迭代次数也会随之增加。当 $n=4$、$m=120$，$n=5$、$m=130$，n 分别为 6、7、8 和 $m=135$ 时，在有限的空间内机器人数量达到饱和，此时，机器人数量继续增加，算法无法完成任务的分配。

综上，多任务分配问题是 TSP 旅行商问题在具体应用时的特例，是一个值得持续研究的方向，能够为未来提高多机器人效率提供技术支持和方法借鉴。

9.3　移动多机器人编队与路径规划方法

任务的高效执行需要多机器人间有效的协同，而多机器人的一致性编队控制是解决多机器人协同的重要手段，需要多个机器人组成的团队在向目标区域运动的过程中，个体之间保持特定的几何形态，能够躲避环境中的障碍物，大规模多机器人的运动控制问题得到简化；另一方面，多机器人的编队控制既可以解决在获得任务之后，机器人集合在完成各自任务的过程中由于空间资源的竞争而发生的冲突，同时，又可以使多机器人在时间和空间上协调一致。编队系统在运动过程中需要和路径规划结合，使得多机器人达成协同一致的同时路径又最短。

9.3.1 移动多机器人编队与队形保持

当前无人、高效、智能化的主要方式是应用多机器人系统。但是，当大量的移动机器人出现在有限的环境中时，留给机器人运动的空间则会非常有限，针对单个机器人的路径规划方法给予各机器人的最优或次优路径将会极为相似，甚至重合。这样的情况使机器人运动过程中的相互扰动不可避免，这种扰动会随着机器数量的增加而增加，降低多机器人系统的运行效率。因此，如何将机器人个体间的信息与资源进行充分利用，对多机器人系统的运动路径进行优化，降低多机器人的运动成本，提升系统的鲁棒性和容错能力，是当前多机器人编队研究的重点内容之一。

对比单独控制移动机器人，编队控制多个移动机器人，按照特定的要求保持个体之间的几何关系，这种方式能够高效地控制多机器人系统躲避静态或动态障碍物到达目的地，并且由于机器人的编队行进，其路径选择较多条机器人规划路径更简单，行进过程的动作更统一，从而可以简化协同控制的方案。因此，近年对于多机器人系统的控制研究层出不穷，对于多机器人的编队控制方向的研究按照其采用的方法可以分为虚拟结构法、基于行为的启发式方法、领航—跟随方法以及基于图论的方法等。

1）虚拟结构法

虚拟结构法的思想是将整个编队系统看作一个整体，也就是一个虚拟的刚性结构，而编队的每个成员都看作刚性结构中相对固定的一点。当队形运动时，就是整个编队跟踪一虚拟点的问题。因为虚拟结构法不存在领航者，而且可以将编队带来的误差引入到系统中，所以相对于领导跟随者可取得较高的控制精度。

2）基于行为的启发式方法

基于行为的启发式方法就是将多机器人编队行为分成几个小的动作，每个小的动作都有自己的目标控制器，而且每个动作的输出又可以当作输入输送到其他动作的控制器中。通过这一系列的行为交互，最终实现编队控制的任务。该方法的核心在于如何设计并选取有效的一系列行为实现多机器人编队任务。

3）领航—跟随方法

该方法是从多机器人中选出一个作为领航者，而编队中剩余的其他机器人就作为跟随者紧跟领航者航行。该策略的关键在于它将编队与轨迹位置的偏差进行变换。

4）基于图论法

由于多机器人编队控制在执行任务的过程中具有相当的规模，所以结构是至关重要的。当多机器人由于通信、控制的原因而形成了网络结构，那么就必须通过数学中的图论将此网络结构建模成图的形式。

以上方法之外，还有诸多用于多机器人协同控制的方法，但针对不同的应用场景，有不同的适用情况，也可以结合各自的优点相互组合使用，如用领航—跟随法进行一致性控制，用人工势场法进行避障。

在多机器人的协同编队控制过程中，要解决的最基本的问题就是机器人编队队形的选择。一个合理的队形选择，对多机器人系统任务执行的性能有着很大的影响。多机器人编队的基本队形有三角形、直线形、星形，还有五个机器人组成的多边形这几种对称的形状，如图 9 - 18 所示。

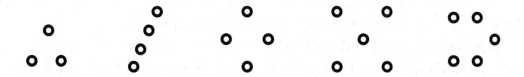

图 9 - 18　移动多机器人编队基本队形

一个具有良好鲁棒性的多机器人系统,在机器人编队运动过程中,其队形的保持并不是固定不变的,队形的保持效果会随环境的变化而做出微弱的调整。

9.3.2　一致性编队模型及实现

本小节主要讲基于以下两种方法的编队模型及其实现。

1. 基于领航—跟随方法的移动多机器人编队模型

1) 基于图论的移动多机器人模型

利用图论基本概念对移动多机器人系统定义:对于 n 个机器人集合 $R=\{r_1, r_2, \cdots, r_n\}$,定义 $\boldsymbol{\delta}=(G, E, O)$ 为 n 阶的加权有向图,节点集合 $O=\{o_1, o_2, \cdots, o_n\}$,有向边缘 E 和加权邻接矩阵的集合 $G=(g_{ij})_{n \times n}$。该网络中的有向边缘 E_{ij} 由有序节点对 (o_i, o_j) 表示。从节点 o_i 到节点 o_j 在 g 中的有向路径是有向网络中的一个边缘序列 (o_i, o_j)。

为描述节点与边之间的联系,引入邻接矩阵 $\boldsymbol{A}$,表示节点之间(或机器人与其相邻机器人之间)的信息连通性。$\boldsymbol{A}$ 中元素 a_{ij} 的取值如下:

$$\boldsymbol{A} = [a_{ij} = 1, (o_i, o_j) \in E, 0, \text{otherwise}] \tag{9-18}$$

$\boldsymbol{L} = \boldsymbol{D} - \boldsymbol{A}$ 表示拓扑图的拉普拉斯矩阵,该矩阵特征值 0 出现的个数就是图连通区域的个数,获得矩阵 $\boldsymbol{L} = [l_{ij}]_{n \times n}$,$l_{ij}$ 的定义如式(9-19)所示。$\boldsymbol{D} \in R^m$,是一个对角矩阵,该矩阵由邻接矩阵 $\boldsymbol{A}$ 转换获得,将 $\boldsymbol{A}$ 矩阵的每列元素相加,并将每列元素对应的和值放在矩阵的对角线对应位置上,得到程度矩阵 $\boldsymbol{D}$。

$$l_{ij} = \sum_{j=1} a_{ij}, i = j \text{ 或者 } l_{ij} = -a_{ij}, i \neq j \tag{9-19}$$

包含 n 个机器人的编队系统,机器人 i 的二阶动力学模型如下:

$$p_i(t+1) = p_i(t) + Tv_i(t), v_i(t+1) = v_i(t) + Tu_i(t) \tag{9-20}$$

其中,t 与 $t+1$ 表示当前和下一时刻的时间关系,$p_i(t)$、$p_i(t+1)$ 分别表示机器人 i 在二维空间的位置,$v_i(t)$、$v_i(t+1)$ 表示机器人 i 的二维速度向量,$u_i(t)$ 为机器人 i 输入控制量,T 为采样周期。

2) 基于领航—跟随方法的移动多机器人编队

为达到领航—跟随思想,在常规编队一致性控制率上加入跟随者与领航者的预期相对间隔误差,使得跟随者跟随领航者运动的同时编队可以达成预期的队形。与式(9-20)参数意义相同,根据式(9-20)获得机器人 i 的输入控制量:

$$u_i(t) = -(\boldsymbol{L}_{ij} \bigotimes \boldsymbol{I}_n)[(p_i(t) - p_j(t)) - (E_i(t) - E_j(t)) + (v_i(t) - v_j(t))]$$

$$\tag{9-21}$$

其中,$\boldsymbol{I}_n$ 为 n 维的单位矩阵,E_i 为编队各机器人的预期相对间隔误差。为了使编队机器人 i

达到期望位置与速度，希望所有机器人能够保持队形且保持与领航者的相同状态，则

$$\lim_{t\to\infty}\parallel p_i(t)-p_{\text{leader}}(t)\parallel=E_i,\ \lim_{t\to\infty}\parallel v_i(t)-v_{\text{leader}}(t)\parallel=0 \qquad (9-22)$$

其中，$p_{\text{leader}}(t)$、$v_{\text{leader}}(t)$下标分别表示 leader 的 t 时刻的位置和速度。

图 9-19 为运算量较低的通信拓扑结构，以编队存在 5 个机器人为例，领航者标记为 leader，跟随机器人 i 可以进行编号，编号数字随机器人数量变化。这种结构在有限数量的多机器人集合中，计算量较小，保证每个跟随者的位置、速度与领航者或旁侧跟随机器人相统一，有助于保持队形。

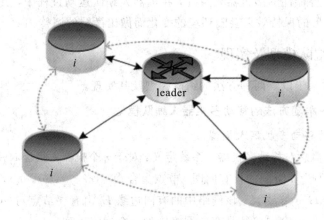

图 9-19　移动机器人 $n=5$ 时的通信拓扑结构图

编队领航者 $t+1$ 时刻的速度，在速度限制以内，由其与目标点 t 时刻的距离 $d_{\text{leader\_obj}}(t)$（角标 obj 表示目标）和角度 θ 决定，根据角度 θ 获得领航者在 x、y 轴的速度分量，如式（9-23）所示，α 系数受机器人加速度、电量、跟随者合力等影响。领航者初始速度 $v_{\text{leader}}(0)=v_{\max}$，$v_{\max}$ 为机器人运动的速度限制值。

$$\begin{cases} v_{\text{leader}}^{y}(t+1)=\alpha\times d_{\text{leader\_obj}}(t)\times\sin\theta \\ v_{\text{leader}}^{x}(t+1)=\alpha\times d_{\text{leader\_obj}}(t)\times\cos\theta \end{cases} \qquad (9-23)$$

2. 基于编队一致性的弹簧避障模型

静态障碍物特征在于空间位置不变，在编队向目标点运动过程中，将根据与障碍物之间的距离改变编队的形态、速度等。

1）虚拟弹簧力模型

将编队与障碍物之间的距离关系映射为弹簧力，且由于障碍物在空间位置固定，所以编队运行中，可以定义机器人弹簧力与离障碍物的距离成正比。建立在 x、y 轴弹簧力 $f^x(t)$、$f^y(t)$ 与机器人、障碍物位置距离关系：

$$\begin{cases} f^x(t)=\dfrac{1}{(d_{\text{leader\_obs}}(t))^3}\times(p_i^x(t)-p_{\text{obs}}^x(t))+\sum_{i=1}^{n}\dfrac{1}{(d_{ij}(t))^3}\times(p_i^x(t)-p_j^x(t)),\ i\neq j \\[3mm] f^y(t)=\dfrac{1}{(d_{\text{leader\_obs}}(t))^3}\times(p_i^y(t)-p_{\text{obs}}^y(t))+\sum_{i=1}^{n}\dfrac{1}{(d_{ij}(t))^3}\times(p_i^y(t)-p_j^y(t)),\ i\neq j \end{cases}$$

$$(9-24)$$

$d_{\text{leader\_obs}}(t)$ 为 t 时刻 leader 与 obstacle 之间的距离（角标 obs 表示目标障碍物位置），

$d_{ij}(t)$ 为 t 时刻机器人之间的距离，$(d_{\text{leader\_obs}}(t))^3$ 与 $(d_{ij}(t))^3$ 中幂取值表示弹性系数，实验发现取 3 次幂效果最佳，上角标 x、y 分别表示该值在 x、y 轴上的分量。

2）领航者避障

编队在运动过程中，首先是领航者避障，领航者的避障速度与弹簧虚拟力的大小和初始速度有关，在 x、y 方向的运行速度如下：

$$\begin{cases} v_{\text{leader\_a}}^x(t+1) = v_{\text{leader}}^x(t) + f^x(t) \\ v_{\text{leader\_a}}^y(t+1) = v_{\text{leader}}^y(t) + f^y(t) \end{cases} \qquad (9-25)$$

其中，$v_{\text{leader\_a}}^x$ 与 $v_{\text{leader\_a}}^y$ 分别为领航者在 x、y 轴方向上的避障速度（角标 a 表示机器人正在避障）。

3）跟随者避障

在编队运动过程中，跟随者跟随领航者向目标点运动。在跟随者避障过程中，需要考虑与领航者的一致性、虚拟弹簧力的影响、领航者的速度等，机器人 i 在 x、y 轴方向上的运行速度如下：

$$\begin{cases} v_{\text{follow}_i\_a}^x(t+1) = v_{\text{leader\_a}}^x(t+1) + v_{\text{follow}_i}^x(t+1) + f^x(t) \\ v_{\text{follow}_i\_a}^y(t+1) = v_{\text{leader\_a}}^y(t+1) + v_{\text{follow}_i}^y(t+1) + f^y(t) \end{cases} \qquad (9-26)$$

其中，$v_{\text{follow}_i\_a}^x$ 与 $v_{\text{follow}_i\_a}^y$ 分别为跟随者 i 在 x、y 轴方向上的避障速度。上述过程让追随者之间形成趋于无误差的编队，且让跟随者与领航者保持同样的运动趋势。

4）编队一致性

为保证在编队运动过程中的一致性，跟随者根据机器人之间的位置误差改变速度，使得跟随机器人 i 与领航者趋于一致，模型如下：

$$\begin{cases} v_{\text{follow}_i}^x(t+1) = \beta \times E_S(t) \times \cos\phi \\ v_{\text{follow}_i}^y(t+1) = \beta \times E_S(t) \times \sin\phi \end{cases} \qquad (9-27)$$

$$E_S(t) = \sqrt{\left(\sum_{i=1}^n u_x(t)\right)^2 + \left(\sum_{i=1}^n u_y(t)\right)^2} \qquad (9-28)$$

其中，$v_{\text{follow}_i}^x$ 与 $v_{\text{follow}_i}^y$ 分别为跟随者在 x、y 轴方向上的与领航者达成一致性运动时的速度，E_S 为领航者与跟随者以及各跟随者之间的位置误差，ϕ 为机器人 i 位置误差与 x 轴的夹角，β 为一致性运动调节系数。

5）动态速度限制函数

机器人速度、加速度过高容易导致机器人出现偏离编队的情况，甚至难以回归，但是如果对速度、加速度进行定值限制，容易降低编队和个体机器人的灵活性，为了平衡两种情况，可在编队运动中加入动态速度限制函数：

$$\Delta v_i(t+1) = \varepsilon \cdot v_{\max}, \ \varepsilon = \frac{E_i(t) - E_i(t-1)}{E_i(t)} \qquad (9-29)$$

$$v_i(t+1) = \min[v_i(t) + \Delta v_i(t+1), v_{\max}] \qquad (9-30)$$

式中，$\Delta v_i(t+1)$ 表示机器人 i 在 $t+1$ 时刻的加速度，与该机器人距离误差增加或减小的趋势相关，如距离误差是增加趋势，则 ε 为正值且与增加趋势正相关，加速度在下一时刻增加；反之，ε 为负值，则与距离误差减小趋势正相关。式(9-30)保证了机器人在不超过速度限制的情况下与距离误差变化趋势的同步变化，并以缩小距离误差为指引。

3. 多机器人编队算法实现

1) 实验构造及数据初始化

实验物理环境为有限的二维区域，大小为 $30\times30\ \text{m}^2$；分别构造存在静态、动态障碍物的仿真环境，在此环境下构造实验和数据初始化。仿真实验中，定义机器人是同种类型，具备基本的导航、避障、通信等功能，领航者有且仅有 1 个。

数据初始化编队中的机器人数量 $n=[5,10,15,20]$，机器人初始位置($p_i^x(0)$，$p_i^y(0)$)、动态障碍物初始位置($p_{c_k}^x(0)$，$p_{c_k}^y(0)$)随机获得，数据初始化结果如表 9-2 所示。跟随者 $i=[1,19]$ 分别根据实验中不同机器人数量编号，其中障碍物长 7 m、宽 1.6 m，障碍物之间间隔为 4.5 m，左下角的障碍物与原点间隔为 4.5 m，动态障碍物起点为(25，0)、(25，15)，终点为(5，15)、(10，3)。

表 9-2　不同实验环境中参数初始化表

机器人类型	位置坐标	位置误差
领航机器人	(4.5，1.5)	(0，0)
1～4 号	(1，1.5)，(3.5，3)，(3，3.5)，(1.5，3)	(−1，1)，(1，−1)，(−1，−0.5)，(1.5，0)
5～9 号	(2，3.5)，(2，4)，(4，1.5)，(1.5，2)，(3.5，2)	(−1.5，1.5)，(1.5，−0.5)，(0.5，−1)，(1，0.5)，(0.5，0.5)
10～14 号	(2.5，2.5)，(3，4.5)，(1.5，4)，(5，1.5)，(2，2)	(0，2)，(2，0)，(2，1.5)，(1.5，1)，(1，−1)
15～19 号	(2.5，3)，(2，2.5)，(1，3)，(3，3.5)，(3.5，2.5)	(−0.5，1)，(1.5，−1)，(0.5，−0.5)，(1，1)，(0.5，1)

2) 实验结果及分析

编队系统的机器人数量超过 20 后，数据特征不明显，所以实验以不同的编队机器人数量 5、10、15、20 分别在无冲突、有冲突机器人仿真环境中进行实验并分析结果。

(1) 无动态障碍物环境。

① 编队运动轨迹分析。

图 9-20 是编队系统在无动态障碍物环境中的运动轨迹，子图(a)、(b)、(c)、(d)分别为编队机器人数为 5、10、15、20 个时的运动轨迹。

当编队中机器人数量增加后，领航者的路径没有发生变化，图 9-20(a)中 5 个机器人编队的机器人数量少，在编队运行中跟随者都和领航者选择了相同的通道到达终点，子图(b)、

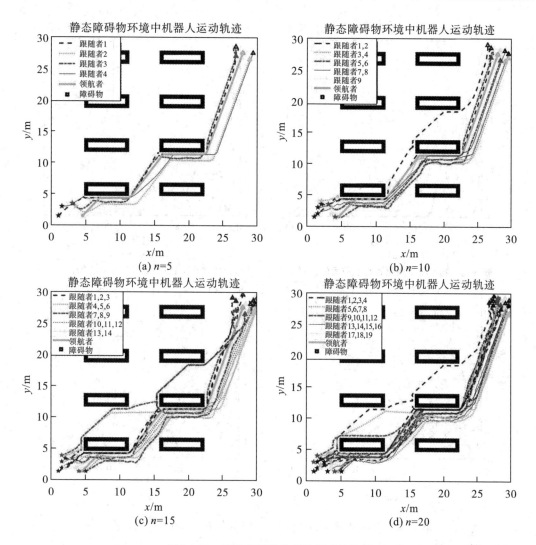

图 9-20 无动态障碍物编队运动轨迹图

（c）、（d）中，10 个机器人、15 个机器人、20 个机器人编队，由于机器人数量的增加与车间过道较窄，所以编队在运动过程中明显存在机器人选择其他不与领航者相同的路径，做出了动态的改变，且是在保证路径长度增加最少的情况下，完成越障后形成预期队形到达终点。

② 领航者与跟随者位置误差。

图 9-21 是编队系统在无动态障碍物环境运动时跟随者与领航者的位置误差，子图（a）、（b）、（c）、（d）分别为编队机器人数为 5、10、15、20 个时的运动轨迹。

图 9-21 中，跟随者与领航者的位置误差会随编队机器人数量增加而增加。10 个机器人的最大误差比 5 个机器人的增加 44.35%；15 个机器人的最大误差较 10 个机器人编队增加 44.25%；20 个机器人的最大误差较 15 个机器人编队减少 9.42%。从数据变化可以看出，出现最大误差时间随编队机器人数量增长而提前，说明在有限空间内机器人数量对于误差的产生有较大影响。当机器人数量增加，速度控制下的编队机器人个体的速度保持是以扩大路径包线为代价的，路径包线的扩大带来位置误差的增加。

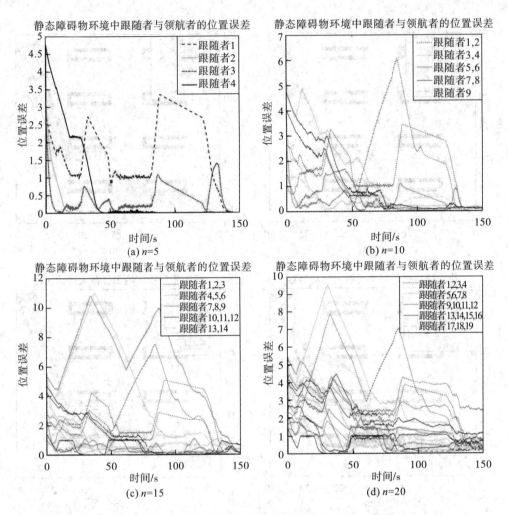

图 9-21　无动态障碍物环境编队运动领航者与跟随者位置误差

（2）存在动态障碍物的实验环境。

在模拟环境中增加两个随机运动的同类机器人作为动态障碍物，分别对 5、10、15、20 个机器人组成的编队进行动态避障实验。获得编队中跟随者与领航者的位置误差如图9-22所示。

①编队分析。

图 9-22 中，在不遇到障碍物时，跟随者基本与领航者趋于一致，当出现障碍物时，编队的队形会被影响，但是当编队与冲突错过时，编队会自行调整位置，跟随者会快速调整与领航者趋于一致，最后安全到达终点。在有冲突的机器人环境中，编队也会因为机器人数量的增加而出现机器人路径分岔的现象，这说明即使在动态障碍物环境中，编队也会因为需要快速到达目的地而做出及时调整。

②领航者与跟随者位置误差。

对比图 9-22 与图 9-23，在动态障碍物环境中，动态障碍物对编队运动会有影响，但由于较早的信息共享，机器人编队可以避免与动态障碍物发生正面冲突，不过由于编队机器人改变了原本的轨迹，所以跟随者与领航者误差增加。在机器人数量增加的情况下编队跟随者会因为车间过道较窄分岔，位置误差会因为分岔而出现增加的情况，所以 10 个机器人、15 个机器人、20 个机器人最大误差较大。结合图 9 - 23 中各个机器人位置误差曲线，在编队即将到达终点时，误差都在减小状态且编队随机器人数量增加到达终点的时间都接近，证明了系统在动态障碍物环境中的动态调节能力。运动数据充分分享可以帮助编队中机器人的运动规划的更加稳定，将编队机器人的运动路径控制在了可接受的范围内。

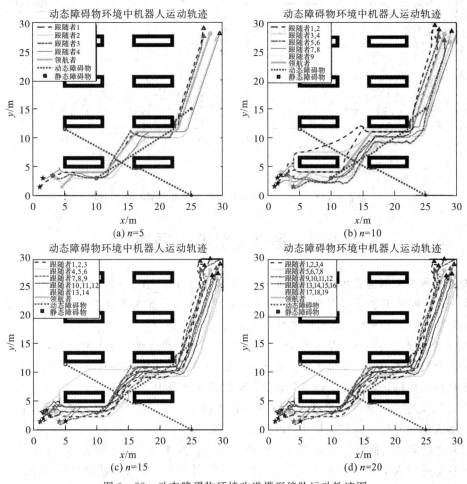

图 9 - 22　动态障碍物环境改进模型编队运动轨迹图

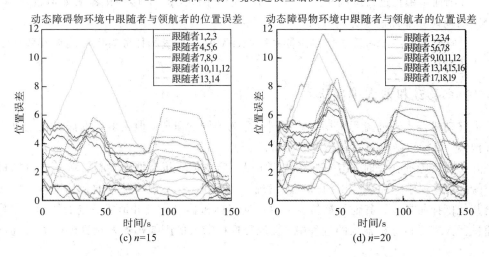

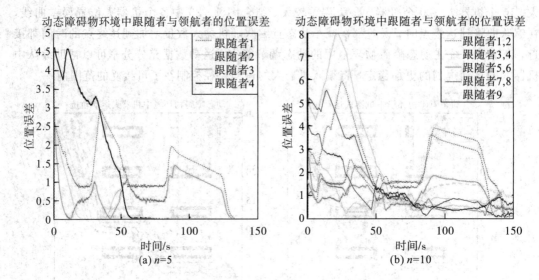

图 9-23　有动态障碍物环境改进模型编队运动领航者与跟随者位置误差

9.4　多移动机器人围捕

围捕是指多个围捕者组成团队围捕一个逃跑者的情况。围捕时围捕者之间协作完成任务，从一开始就被很多学者广泛研究、测试、对比。移动机器人围捕涉及人工智能、自动控制、多机器人协作等领域，是研究多机器人系统的理想平台。

多移动机器人围捕指在某一环境中存在某一或某些动态或是静态的目标，环境中可能存在不规则形状障碍物，要求多个移动机器人在当前环境中发现并在一定时间内呈一定形式分布在目标周围，即完成围捕。根据多移动机器人围捕环境是否已知、围捕机器人与逃跑机器人数量对比以及目标机器人逃逸策略是否设定，可以分为多种问题，但总的来说多移动机器人围捕问题主要研究以下几个方面。

(1) 通过多个围捕机器人追捕目标机器人来研究围捕机器人之间协调合作问题，即在同一个目标的前提下如何平衡系统收益与机器人个体收益，尽可能达到全局最优。

(2) 围捕系统在进行围捕时如何分派相应数量的机器人，这些机器人如何进行组织，即研究围捕任务最优任务分配方法。

(3) 研究自适应学习算法使得围捕系统在面对动态环境和任务时依然能够有效地组织围捕团队围捕目标。

9.4.1　多移动机器人围捕流程

多移动机器人围捕流程根据实验不同可分为不同的阶段，但大多数围捕流程主要分为目标搜索、目标跟随以及目标包围三个阶段。

开始执行围捕任务时，围捕机器人群体以一定的搜索策略搜索实验区域中的目标机器人，在搜索过程中如果某个围捕机器人发现了目标机器人，就将估计的目标机器人位置发送给其他围捕机器人。其他围捕机器人逐渐向目标机器人靠近并形成一定的队形。在其他围捕机器人靠近目标机器人的过程中，发现目标机器人的围捕机器人对目标机器人进行跟随，防止丢失目标机器人信息。

目标搜索：指多机器人在实验区域找到目标机器人的过程，搜索出目标机器人是多机器人协作围捕任务工作的前提。

目标跟随：考虑到围捕机器人发现目标机器人的初期，目标机器人周围的围捕机器人数量较少且目标机器人具有一定的移动能力，不宜直接对其包围。为了避免发现的目标机器人从视野中丢失，此时以单个围捕机器人对目标机器人的跟随为主。为实现目标跟随的整个流程，围捕机器人发现目标机器人后，在视觉相机捕获的视频序列中便具有了目标机器人的位置坐标等相关信息。将目标机器人在像素坐标系下实际的位置坐标与期望的位置坐标比较，以两者之间的差值调节围捕机器人的线速度和角速度实现对目标机器人的跟随。

目标包围：围捕机器人群体到达目标机器人附近后，首先组成一定的队形包围目标机器人，然后押送目标机器人使其无法在实验区域随意运动，从而完成围捕。

9.4.2　多移动机器人围捕存在的一些问题

虽然围捕问题的研究产生了不少成果，但是仍然存在下列问题。

（1）逃跑者采用一种高智能的逃跑方式。一般的围捕任务都是采用比较低智能的逃跑方式，只是简单采用局部最优逃跑方法即远离围捕机器人，没有考虑到全局逃跑最优。设计一种高智能逃跑方式会使得围捕问题变得更加困难和复杂。

（2）传感器的不确定性。机器人围捕的时候，各机器人通信和定位都与传感器有关系，而实际上传感器只能保证探测点周围的精确度，对很多不确定性问题不能保证。这需要建立一个不确定模型，对机器人当前的位置信息进行准确估计。

（3）非同等条件下的围捕。现在的围捕研究大多数都是考虑到围捕机器人和逃跑机器人的条件相当或者围捕机器人比逃跑机器人具有优势性，在围捕机器人相当于逃跑机器人处于劣势情况下的围捕是一个有待解决的问题，比如说围捕机器人相比逃跑机器人，速度比较慢，视野范围比较小，运动的机会比较少的情况，这需要建立更复杂的模型。

（4）多个逃跑者的情况。未知环境下存在多个逃跑者的情况仍然需要进一步研究，包括围捕者如何利用地形组成围捕联盟，在尽量短的时间内利用尽量少的总体能耗将所有的逃跑者捕获，这涉及多机器人之间的联盟及协商等问题。

针对多机器人围捕存在的这些问题，许多学者就多机器人围捕的方法和策略进行了改进，接下来我们将介绍最新的几种多机器人围捕的方法。

9.4.3　多移动机器人围捕方法

多移动机器人围捕方法主要有领航—跟随方法、基于模糊逻辑控制的自适应算法、基于状态预测的强化学习方法等，下面详细介绍。

1. 领航—跟随(Leader-Follower)方法

现实中采用较多的多机器人编队控制方法是 Leader-Follower 法。这种编队方法要求在多个移动机器人中选择一个机器人作为领航机器人，领航机器人跟踪期望的参考路径。其余跟随机器人根据队形和领航机器人保持相对距离和方向不变。

本章借鉴的编队控制方案是对于有 n 个单体机器人执行围捕任务时，当 n 个机器人到达以目标物为中心，r 为半径的空间区域时，将以离目标物最近的机器人作为领航者，计划生成以目标物为中心的等边 n 边形，n 个机器人位于等边 n 边形的 n 个角上。其余跟随机器人根据自身位置和期望队形，调整位置和角度，形成等边 n 边形，组成多边形后，一起缩短多边形的距离，最终达到围捕目标物的目的。图 9-24 是本章多机器人围捕系统的编队算法流程图。

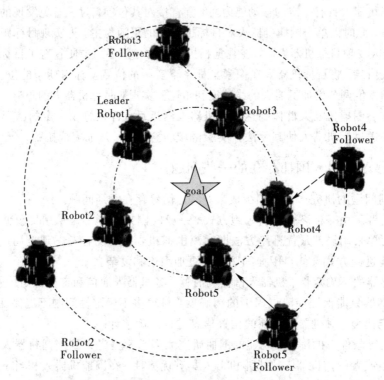

(a) 步骤1：确定Leader，确定Follower，确定队形

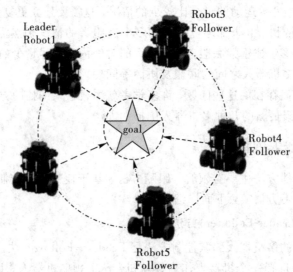

(b) 步骤2：保持队形，缩短距离，靠近目标

图 9-24 多机器人围捕系统编队示意图

图 9-24 中，五角星代表目标物。以 5 个机器人为例，将 Robot1 作为领航者，构建以目标物为中心，Robot1 为一角的等边五边形，从而确定其余跟随机器人的位置。当形成等边五角形后，同时朝目标物前进，完成目标物的围捕。

图 9-25 中的 5 个围捕机器人进入围捕队形之后，以目标物为中心，以领航者与目标物的距离为基准，领航者以与目标物距离的连线为前进方向，不断拉近与目标物的距离，跟随者机器人也根据领航者机器人的变化向目标物靠近，直至多机器人群完全包围住目标物，视作此次围捕工作成功。图 9-25 显示 5 个机器人组成的多机器人群完全包围目标物，此次围捕任务成功。

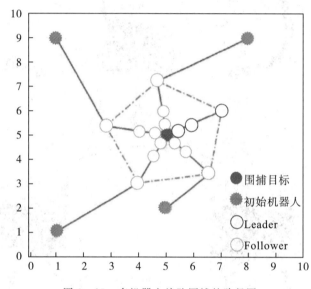

图 9-25　多机器人编队围捕的路径图

通过 Leader-Follower 法的编队控制策略，多机器人围捕后最终成功围捕目标。方法简单有效，适用于实现快速围捕任务中。

2. 基于模糊逻辑控制的自适应算法

如图 9-26 所示，围捕的目标是两个围捕移动机器人和目标移动机器人形成三点一线且以目标移动机器人为中心，对目标移动机器人进行包围。包围形成后进一步围捕目标使之无法运动。

围捕机器人根据自身安装的激光测距仪感知环境中随机障碍的距离和方位，并根据避障规则进行躲避。同时，根据仿真环境反馈的抓捕目标的位置信息，通过遗传算法规划自己最优的运动轨迹来对目标进行合围，围捕机器人的运动速度和角度都由遗传算法来确定，当目标机器人处在以围捕机器人之间距离为直径形成的圆的圆心，围捕机器人则各自采用圆弧运动来完成对抓捕目标的钳形夹击。

为了能够成功围捕目标机器人，追捕的多移动机器人必须以一定形式将目标机器人包围住。常用的围捕策略是收缩包围圈法，该策略就是当多个机器人接近目标后，形成一个包围圈将目标机器人围在中间。但如果逃跑机器人采用的是一种智能逃跑方式，该围捕方法效果不是很理想。在这种状况下，有学者提出一种新的方法，即基于状态预测的强化学习方法。

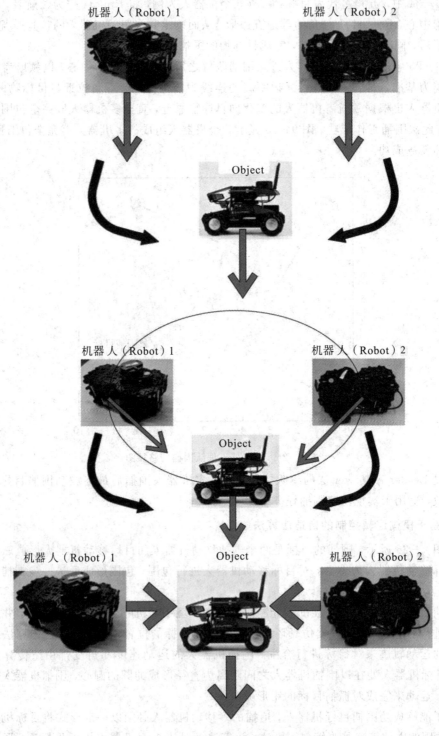

图 9 - 26　多运动机器人围捕动态目标过程示意图

3. 基于状态预测的强化学习方法

强化学习是指从环境状态到动作映射的学习，以使动作从环境中获得的累积奖赏值最大，该方法不同于监督学习那样通过正例、反例来告诉我们采取什么样的行为，而是通过试错来发现最优的行为策略。它通常包括两个方面，一是将强化学习作为一类问题；二是将它作为解决这一类问题的一种技术。如果将强化学习作为一类问题，目前的学习技术大致分成两类，一类是采用统计的技术和动态规划的方法来估计某一环境状态下的动作奖赏值；另一类是通过对机器人的行为空间进行搜索，以发现机器人最优的行为。

所谓状态预测是指单个移动机器人根据自身及其他移动机器人当前的状态，通过对其他移动机器人下一个时刻最有可能面临的状态进行预测，来选择自己最佳协作性能的动作，从而实现最佳的协作行为的过程。一个移动机器人在对其他机器人以往状态观测的基础上，对它们下一个时刻的状态进行预测。根据一些预测的结果，可以用统计的方法建立出机器人动作选择规律的数学模型。在多机器人围捕的实验中，任意一个时刻任何一个机器人都无法准确地知道其他机器人的动作，所以机器人无法选择使系统状态转移其具有最佳性能的动作。因此，用状态预测法和概率预测函数来降低强化学习算法的组合强度，并快速地实现机器人最优动作的选择策略。

状态预测常见的预测方法类型有等概率预测型、预测最大型、基于分布律假设检验的最大预测型三种类型。预测方法的选择直接关系到预测的准确性。

1）概率预测型

当一个移动机器人预测其他机器人的状态时，认为它们动作集里的每个动作都有同样的机会被执行，在强化学习的过程中，每个移动机器人必须尝试许多不同的序列，这种方法叫概率预测型。

2）预测最大型

在初始时刻，每一个状态预测动作的概率值一致，为 $1/n$，n 为基本动作数，对于其他移动机器人的各个状态，预测时给出预测概率值最大的动作，这种方法就叫预测最大型。

3）基于分布律假设检验的最大预测型

在探索移动机器人协作过程中各个移动机器人的动作执行情况时，当各自的动作达到一定数目，则按照皮尔逊分布律假设检验修订原预测概率。如果更新概率，则用若干步的频率分布代替。预测时选择预测概率最大的动作，这种方法叫基于分布律假设检验的最大预测型，简称分布律检验。

状态预测模块对其他移动机器人在各自状态下采取的动作和相应的状态转换历史进行观测，得到状态预测的方法，来对其他移动机器人在它们各自状态下采取的当前动作和状态转移结果进行预测，同时把这个预测结果提供给动作选择模块。随着时间的推移，预测得到的经验慢慢积累，这时状态预测机构慢慢得到改善，预测结果也越来越准确。

综上，多移动机器人的围捕任务是多个移动机器人相互协作完成对特定目标的搜索、追踪、包围和捕捉的过程。在多移动机器人的围捕任务中，机器人之间需要相互通信、相互避障、相互协同，从而达到围捕预定目标的任务，是一项系统全面的多移动机器人应用。

习　题

9.1　查阅文献，了解无人机编队技术。

9.2　查阅文献，了解博弈论知识。

9.3　多机器人系统的通信方式有哪些？

9.4　多机器人间如何进行任务分配？

9.5　多机器人的冲突如何消解？

第 10 章　移动机器人 ROS 系统

随着机器人领域的快速发展和复杂化，代码的复用性和模块化的需求越来越强烈，而已有的开源机器人系统又不能很好地适应需求。2010 年 Willow Garage 公司发布了开源机器人操作系统(Robot Operating System，ROS)，很快在机器人研究领域掀起了学习和使用 ROS 的热潮。

ROS 系统是专为机器人软件开发所设计出来的一套电脑操作系统架构。它是一个开源的元级操作系统(后操作系统)，提供类似于操作系统的服务，包括硬件抽象描述、底层驱动程序管理、共用功能的执行、程序间消息传递和程序发行包管理，它也提供一些工具和库，用于获取、建立、编写和执行多机融合的程序。本章介绍 ROS 系统的基本应用。

本章重点

· ROS 系统安装；

· 基于 ROS 的移动机器人功能仿真。

10.1　ROS 系统安装

10.1.1　Ubuntu 系统简介及安装

ROS 一般安装在 Linux 系统下，Ubuntu 是 Linux 众多版本中最为常用的系统，绝大多数 ROS 系统安装在 Ubuntu 系统中。

Ubuntu 是一个以桌面应用为主的 Linux 操作系统，提供了一个健壮、功能丰富的计算环境，既适合家庭使用又适用于商业环境。Ubuntu 几乎包含了所有常用的应用软件：文字处理、电子邮件、软件开发工具和 Web 服务等。用户下载、使用、分享 Ubuntu 系统，以及获得技术支持与服务，无需支付任何许可费用。

Ubuntu 系统的安装对于电脑配置的要求并不严格，目前主流的 PC 都可以正常运行。安装系统的方式可以分为两种，直接对硬盘分区后安装和使用虚拟机安装，对于对 Ubuntu 系统不是很了解的新手，推荐先使用虚拟机安装 Ubuntu 进行基础的学习，等对 Ubuntu 有足够的认识后再进行硬盘的安装。

下面介绍通过虚拟机安装 Ubuntu 系统。

(1) 安装虚拟机，虚拟机推荐使用 VMware Workstation，可以直接登录 VMware 官方网址下载，逐步安装即可。VMware 安装成功后的打开界面如图 10 - 1 所示。

(2) Ubuntu 系统镜像下载如图 10 - 2 所示，可以直接在 Ubuntu 官网进行系统镜像的下载(https://releases.ubuntu.com/14.04/)，在该官网还可以找到其他版本的 Ubuntu 系统。

图 10 - 1　VMware 打开界面

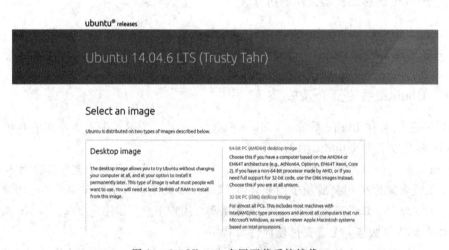

图 10 - 2　Ubuntu 官网下载系统镜像

（3）打开 VMware 软件，点击创建新的虚拟机，出现如图 10 - 3 所示的界面，选择"典型"。

（4）选择稍后安装系统，创建一个空白硬盘，如图 10 - 4 所示。

（5）客户机操作系统选择 Linux(L)，版本为 Ubuntu 64 位，通过如图 10 - 5 所示界面选择操作系统。

（6）设置虚拟机名称和安装位置，然后点击下一步，如图 10 - 6 所示。

（7）通过图 10 - 7 所示界面设置虚拟机的磁盘大小，并设置为单个文件。

（8）根据图 10 - 8 所示界面创建虚拟机。

（9）根据图 10 - 9 所示界面点击编辑虚拟机设置，进行虚拟机的设置。

（10）可以根据自己电脑的配置，合理分配虚拟机的设置、内存、处理器等，如图 10 - 10 所示。

图 10 - 3　新建虚拟机向导

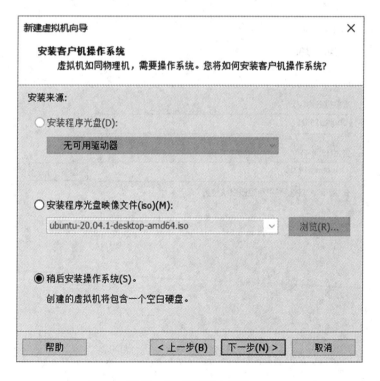

图 10 - 4　创建空白硬盘

图 10-5　选择客户机操作系统

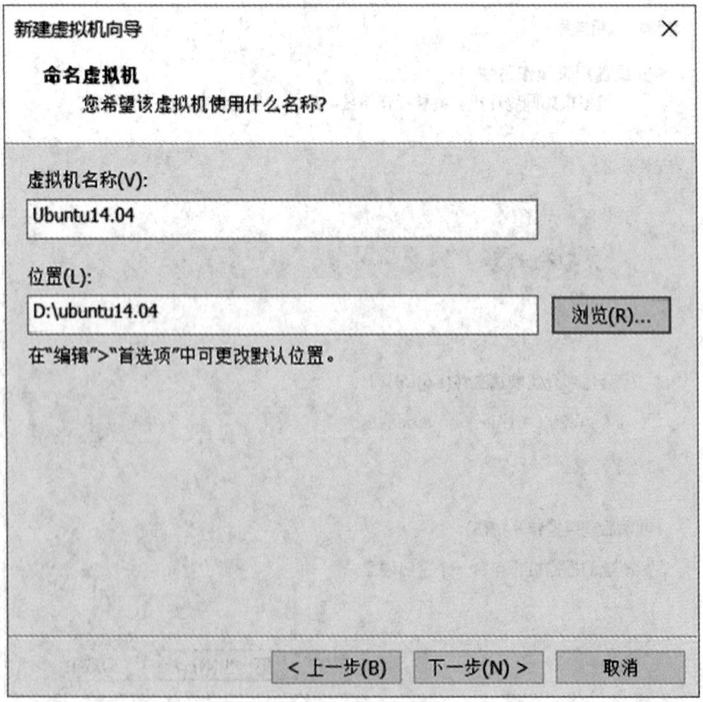

图 10-6　命名虚拟机

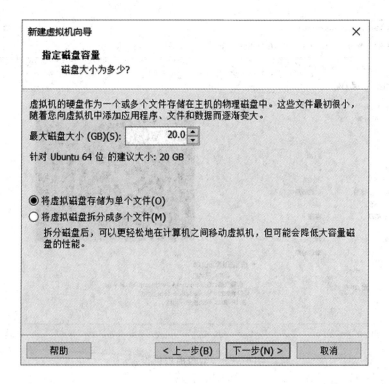

图 10-7　设置虚拟机磁盘容量

图 10-8　完成虚拟机的创建

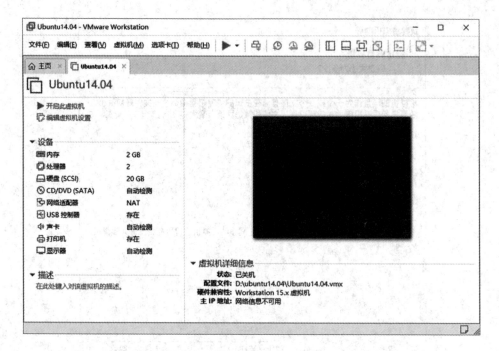

图 10 - 9 编辑虚拟机设置

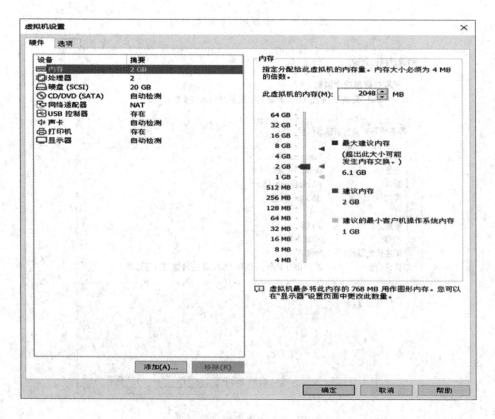

图 10 - 10 设置虚拟机的配置

（11）如图 10-11 所示，在 CD/DVD 中使用下载好的 ISO 映像文件。

图 10-11　加载映像文件

（12）如图 10-12 所示，点击开启此虚拟机，开始 Ubuntu 的配置。

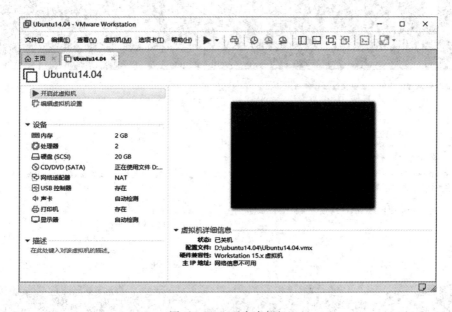

图 10-12　开启虚拟机

（13）如图 10-13 所示选择自己擅长的语言，点击安装 Ubuntu。

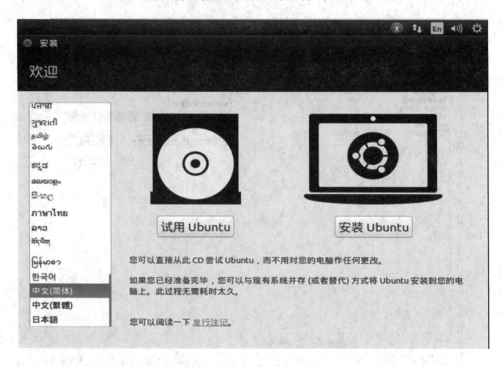

图 10-13　选择语言进行安装

（14）根据图 10-14 所示界面默认进行安装。

图 10-14　默认进行安装

（15）如图 10 - 15 所示，选择清除整个磁盘并安装。

图 10 - 15   清除磁盘并安装

（16）按照图 10 - 16 所示，按照默认分盘继续安装。

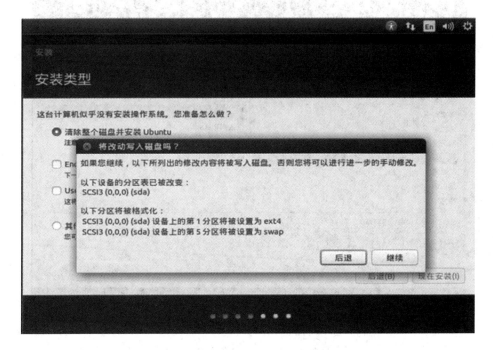

图 10 - 16   按照默认分盘进行安装

(17) 根据图 10 – 17 选择对应的时区。

图 10 – 17　选择对应的时区继续安装

(18) 选择汉语键盘布局，如图 10 – 18 所示。

图 10 – 18　选择汉语键盘布局

(19) 根据图 10 – 19 所示设置用户名和密码。

图 10 - 19　设置用户名和密码

（20）安装结束，重新启动，打开系统界面，如图 10 - 20 所示。

图 10 - 20　系统界面

10.1.2　不同 Ubuntu 版本与 ROS 版本

Ubuntu 的版本和 ROS 的版本是明确对应的，安装的时候一定要选择正确的版本，版本对应关系如表 10 - 1 所示。

表 10 - 1   **Ubuntu 版本和 ROS 版本对应关系**

Ubuntu 版本	ROS 版本
20.04	Noetic
18.04	Melodic
16.04	Kinetic
14.04	Indigo

10. 1. 3   Ubuntu14. 04 中安装 ROS Indigo 版本

依照上一小节的流程安装好 Ubuntu14.04，接下来按照 Ubuntu 和 ROS 版本的对应关系安装 Indigo 版本的 ROS，具体步骤如下：

（1）首先配置系统的软件源，这样在安装软件时就可以直接使用国内的软件源了，本节选择的是清华的软件源，在设置中的"软件和更新"界面进行软件源更换，更换成功后如图 10 - 21 所示。

图 10 - 21   设置软件源

（2）添加软件源到 sources. list 中：

$ sudosh - c ′echo "deb http：//packages. ros. org/ros/ubuntu

$ (lsb_release - sc) main" > /etc/apt/sources. list. d/ros - latest. list′

（3）设置密钥：

$ sudo apt－key adv－－keyserver ʹhkp：//keyserver. ubuntu. com：80ʹ－－recv－key
C1CF6E31E6BADE8868B172B4F42ED6FBAB17C654

（4）更新软件源：

$ sudo apt－get update

（5）安装 ROS 的 Indigo 完整版：

$ sudo apt-get install ros-indigo-desktop-full

（6）初始化 rosdep：

$ sudorosdepinit，$ rosdep update

（7）设置环境变量：

$ echo "source /opt/ros/indigo/setup. bash" $>>$ ~/. bashrc
$ source ~/. bashrc

经过以上操作，即完成了 ROS Indigo 版本安装。在终端输入几条命令，调用小乌龟例
子可以验证 ROS 的安装，具体操作如下：

（1）在 Terminal 中输入 $ roscore 命令，该命令初始化 ROS 环境、全局参数，以及每
个节点注册等工作，如图 10－22 所示。

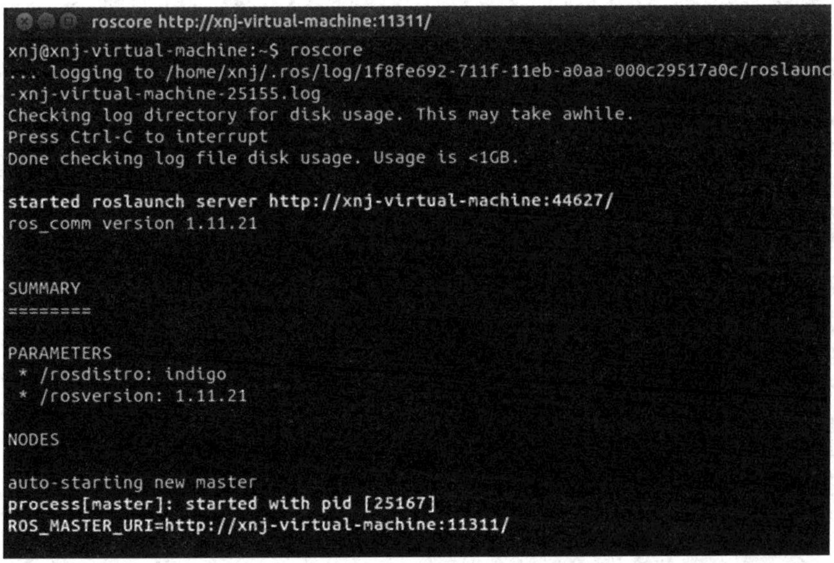

图 10－22　roscore 命令启动后的日志信息

（2）打开一个 Terminal，输入 $ rosrunturtlesimturtlesim_node 命令，开启一个小乌
龟界面，效果如图 10－23 所示。

图 10 - 23　输入命令启动小乌龟

（3）打开一个 Terminal，输入 $ rosrunturtlesimturtle_teleop_key 命令。通过键盘输入，控制小乌龟移动。按下键盘上下左右按键，可控制小乌龟移动，效果如图 10 - 24 所示。Ubuntu14.04 和 ROS Indigo 版本安装完毕，即可以在此基础上展开学习。

图 10 - 24　通过键盘控制小乌龟运动

10. 2　ROS 总体框架

ROS 架构有三个层次：首先是基于 Linux 系统的 OS 层，ROS 并不是一个传统意义上的操作系统，无法直接运行在硬件上，需要依赖 Linux、Windows 等系统，来实现自身的功能；其次是实现 ROS 核心通信机制以及众多机器人开发库的中间层，采用了基于TCPROS/UDPROS 的通信系统，使用发布/订阅、客户端/服务端等模型，实现多种通信机制的数据传输；还有在 ROS Master 的管理下保证功能节点正常运行的应用层，ROS 社区内共享了大量的机器人应用功能包，可实现复用，极大地提高了开发效率。

从系统实现角度将 ROS 划分成如图 10 - 25 所示的三个层次：计算图级、文件系统级和社区级，其中涵盖了 ROS 中的关键概念，如节点、消息、话题、服务、功能包、元功能包等。

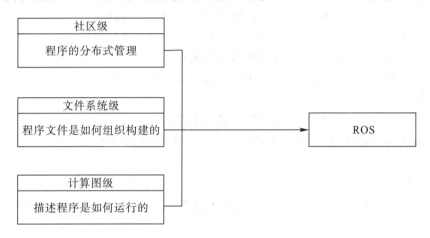

图 10 - 25　ROS 的三个层次

10.2.1　文件系统级

ROS 文件系统结构如图 10 - 26 所示，其中两个最基本的概念是 Package 和 Manifest，即包和清单文件。

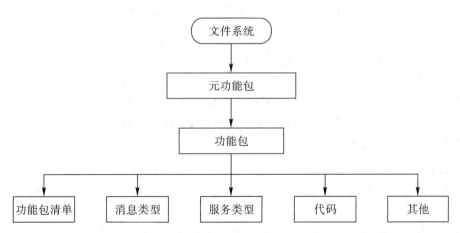

图 10 - 26　ROS 的文件系统结构

Package 是组织 ROS 代码的最基本单位，每一个 Package 都可以包括库文件、可执行文件、脚本及其他的一些文件。

Manifest 文件是对 Package 相关信息的一个描述。它提供了 Package 之间的依赖性，以及一个包的元信息，如版本、维护者和许可证等信息。

ROS 类似于操作系统，它将所有文件按照一定的规则进行组织，不同功能的文件被放置在不同的文件夹下。

(1) 功能包(Package)：功能包是 ROS 软件中的基本单元，包含 ROS 节点、库、配置文件等。

(2) 功能包清单(Package Manifest)：每个功能包都包含一个名为 package. xml 的功能包清单，用于记录功能包的基本信息，包含作者信息、许可信息、依赖选项、编译标志等。

(3) 元功能包(Meta Package)：在新版的 ROS 系统中，将原有功能包集(Stack)的概念升级为"元功能包"，主要作用都是组织多个用于同一目的的功能包。例如一个 ROS 导航的元功能包中会包含建模、定位、导航等多个功能包。

(4) 元功能包清单：元功能包清单中可能会包含运行时需要依赖的功能包或者声明一些引用的标签。

(5) 消息(Message)类型：消息是 ROS 系统节点之间发布/订阅的通信信息，可以使用 ROS 系统提供的消息类型，也可以使用 . msg 文件在功能包的 msg 文件夹下自定义所需要的消息类型。

(6) 服务(Service)类型：服务类型定义了 ROS 系统客户端/服务器通信模型下的请求与应答数据类型，可以使用 ROS 系统提供的服务类型，也可以使用 . srv 文件在功能包的 srv 文件夹中进行定义。

(7) 代码(Code)：用来放置功能包节点源代码的文件夹。

10.2.2　计算图级

计算图是 ROS 系统处理数据的一种点对点的网络形式。程序运行时，所有进程以及它们所进行的数据处理，将会通过一种点对点的网络形式表现出来。这一级的几个重要概念主要包括：节点(Node)、消息(Message)、主题(Topic)、服务(Service)。

1. 节点

节点就是一些执行运算任务的进程。ROS 利用规模可增长的方式是代码模块化，即一个系统就是典型的由很多节点组成的。在这里节点也可以被称为"软件模块"。我们使用"节点"使得基于 ROS 的系统在运行的时候更加形象化：当许多节点同时运行时，可以很方便地将端对端的通信绘制成一个图表，在这个图表中，进程就是图中的节点，而端对端的连接关系就是其中弧线连接。

2. 消息

节点之间是通过传送消息来进行通信的。每一个消息都是一个严格的数据结构。原来标准的数据类型(整型，浮点型，布尔型等等)都是支持的，同时也支持原始数组类型。消息可以包含任意的嵌套结构和数组(类似于 C 语言的结构体 structs)。

3. 话题

消息以一种发布/订阅的方式传递，如图 10-27 所示。一个节点可以在一个给定的主题中发布消息。一个节点针对某个主题关注与订阅特定类型的数据，也可能同时有多个节点发布或者订阅同一个主题的消息。总体上，发布者和订阅者不了解彼此的存在。

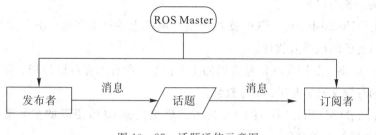

图 10 - 27　话题通信示意图

4. 服务

虽然基于话题的发布/订阅模型是很灵活的通信模式，但是其广播式的路径规划对于可以简化节点设计的同步传输模式来说并不适合。在 ROS 系统中，称这种同步传输为服务，其基于客户端/服务器模型，图 10 - 28 为服务通信示意图。包含两个部分的通信数据类型，一个用于请求，一个用于回应。这类似于 Web 服务器，Web 服务器是由 URIs 定义的，同时带有完整定义类型的请求和回复文档。需要注意的是，与话题不同，ROS 系统中只有一个节点可以以任意独有的名字广播一个服务。

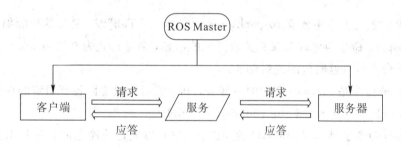

图 10 - 28　服务通信示意图

5. 节点控制器

在上面概念的基础上，需要有一个控制器使所有节点可以有条不紊地执行，即 ROS 的控制器（ROS Master）。

ROS Master 通过 RPC(Remote Procedure Call Protocol，远程过程调用)提供了登记列表和对其他计算图表的查找，以帮助 ROS 节点之间互相查找、建立连接、提供参数服务器等功能。

ROS 的控制器为 ROS 的节点存储了主题和服务的注册信息。节点与控制器通信从而报告它们的注册信息，当这些节点与控制器通信的时候，它们可以接收关于其他已注册节点的信息，并且建立与其他与已注册节点之间的联系。当这些注册信息改变时控制器也会回馈这些节点，同时允许节点动态创建与新节点之间的连接。没有控制器，节点将无法找到其他节点，也无法交换消息或调用服务，由此可见其在 ROS 系统中的重要性。

10.2.3　社区级

ROS 开源社区中的资源非常丰富，而且可以通过网络共享以下软件和知识。

（1）发行版（Distribution）：类似于 Linux 发行版，ROS 发行版包括一系列带有版本号、可以直接安装的功能包，这使得 ROS 的软件管理和安装更加容易，而且可以通过软件集合来维持统一的版本号。

（2）软件源（Repository）：ROS 依赖于共享网络上的开源代码，不同的组织结构可以开发或者共享自己的机器人软件。

（3）ROS wiki：记录 ROS 信息文档的主要论坛。所有人都可以注册、登录该论坛，并且上传自己的开发文档、更新、编写教程。

（4）邮件列表（Mailing List）：ROS 邮件列表是交流 ROS 更新的主要渠道，同时也可以交流 ROS 开发的各种疑问。

（5）ROS Answers：ROS Answers 是一个咨询 ROS 相关问题的网站，用户可以在该网站提交自己的问题并得到其他开发者的回答。

（6）博客（Blog）：发布 ROS 社区中的新闻、图片、视频等。

10.3   ROS 基本命令与功能包

10.3.1   ROS 文件系统命令

ROS 文件系统命令主要有 rospack、roscd、rosls、"Tab"键，具体的功能如下：

（1）rospack 命令为允许获取有关软件包的信息，命令形式为 $ rospack find [package _name]，该命令可以返回包的绝对路径。

（2）roscd 命令是 rosbash 套件的一部分，利用它可以改变路径到指定的功能包或功能包集中，命令形式为 $ roscd [locationname[/subdir]]。

（3）rosls 命令也是 rosbash 套件的一部分，它可以通过功能包的名称列出其下面包含的文件，而不必使用绝对路径，命令形式为 $ rosls [locationname[/subdir]]。

（4）"Tab"键补全：输入完整的软件包名称可能很麻烦，ROS 工具支持在输入功能包开头后使用"Tab"键完成补全。

10.3.2   Topic 相关操作命令

rostopic 工具允许获取 ROS topics 的相关信息。键入 rostopic-h，可以知道话题相关的如下命令：rostopic bw 显示话题使用的带宽、rostopic delay 显示话题的延迟、rostopic echo 显示话题的数据、rostopic find 查找指定话题类型的话题、rostopic hz 显示话题发布的频率、rostopic info 显示活动的话题信息、rostopic list 列出活动的话题、rostopic pub 向话题发布数据、rostopic type 显示话题类型。

下面介绍几个主要的命令的功能。

（1）rostopic echo：显示发布在一个话题上的数据。

可以利用 $ rostopic echo [topic]命令查看由 turtle_teleop_key 发布的 command_velocity数据。$ rostopic echo /turtle1/cmd_vel 则通过键盘操控小乌龟进行移动，通过按下方向键来使 turtle_teleop_key 节点在此 topic 上发布数据，此时窗口中应该出现如图 10 - 29 所示的信息。

图 10 - 29　rostopic echo 显示话题数据

（2）rostopic list：显示了当前被订阅和被发布的主题列表，如图 10 - 30 所示。

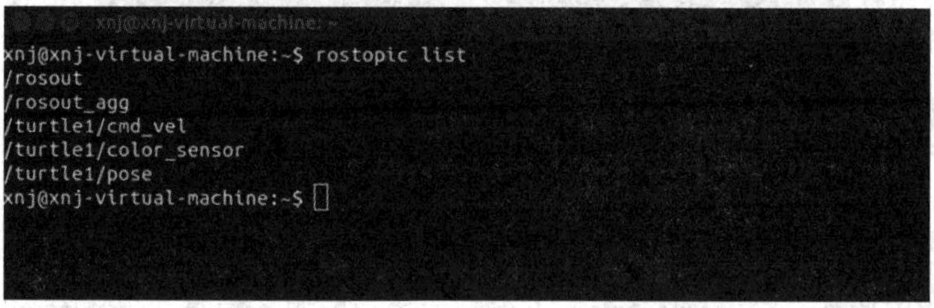

图 10 - 30　rostopic list 显示话题

（3）rostopic type：返回正在使用的主题上的信息类型，如图 10 - 31 所示。命令格式为
\$ rostopic type［topic］，使用 \$ rostopic type /turtle1/cmd_vel 命令查看小乌龟话题的信
息类型。

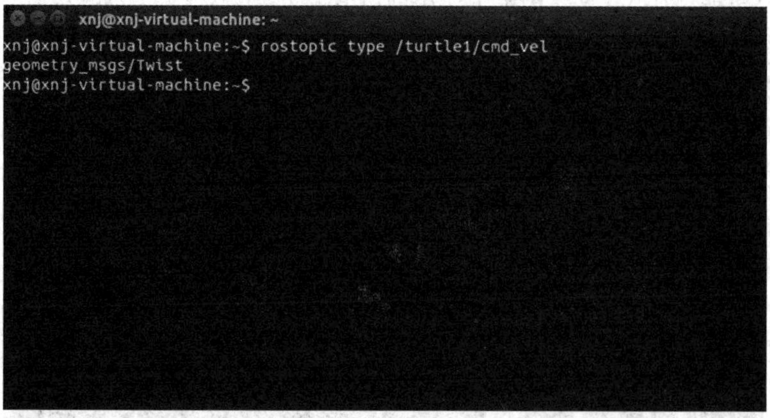

图 10 - 31　rostopic type 返回的小乌龟话题信息类型

（4）rostopic pub：直接发布数据到一个话题。

通过 \$ rostopic pub [topic] [msg_type] [args]命令向小乌龟话题发送一个运动指令，具体形式为 \$ rostopic pub − 1 /turtle1/cmd_velgeometry_msgs/Twist −− ′[2.0，0.0，0.0]′ ′[0.0，0.0，1.8]′，该命令的执行结果如图 10 − 32 所示。

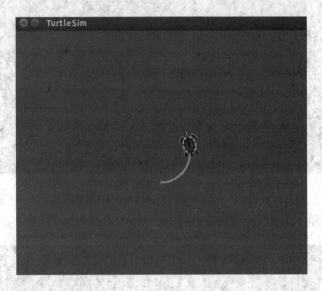

图 10 − 32　小乌龟按照 rostopic pub 发送的运动指令运动

10.3.3　Service 相关操作命令

Service 相关操作命令有 rosservice list 显示活动的服务信息、rosservice info 显示指定服务的信息、rosservice type 显示服务类型、rosservice find 查找指定服务类型的服务、rosservice uri 显示 ROSRPC URI 服务、rosservice args 显示服务参数、rosservice call 用输入的参数请求服务。

（1）rosservice list：显示活动中的服务的信息。

rosservice list 会显示在同一网络中使用的所有服务。图 10 − 33 为键入命令 \$ rosservice list 后的返回结果。

```
xnj@xnj-virtual-machine:~$ rosservice list
/clear
/kill
/reset
/rosout/get_loggers
/rosout/set_logger_level
/spawn
/turtle1/set_pen
/turtle1/teleport_absolute
/turtle1/teleport_relative
/turtlesim/get_loggers
/turtlesim/set_logger_level
xnj@xnj-virtual-machine:~$
```

图 10 − 33　rosservice list 显示活动中的服务的信息

（2）rosservice info：显示指定服务的信息。

命令形式为 Wie $ rosservice info［服务名称］，图 10 - 34 是使用 rosservice 的 info 选项查看/turtle1/set_pen 服务的节点名称、URI、类型和参数的示例。$ rosservice info /turtle1/set_pen 后的返回结果如图 10 - 34 所示。

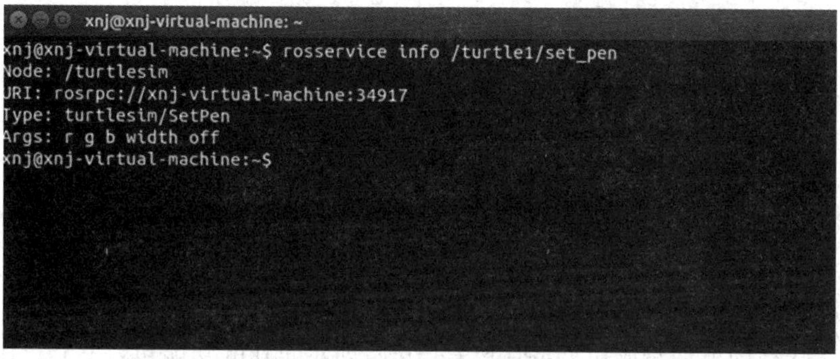

图 10 - 34　rosservice info 显示指定服务的信息

（3）rosservice type：显示服务类型。

命令形式为 $ rosservice type［服务名称］，图 10 - 35 所示的示例中，可以看到/turtle1/set_pen服务是 turtlesim/SetPen 类型。

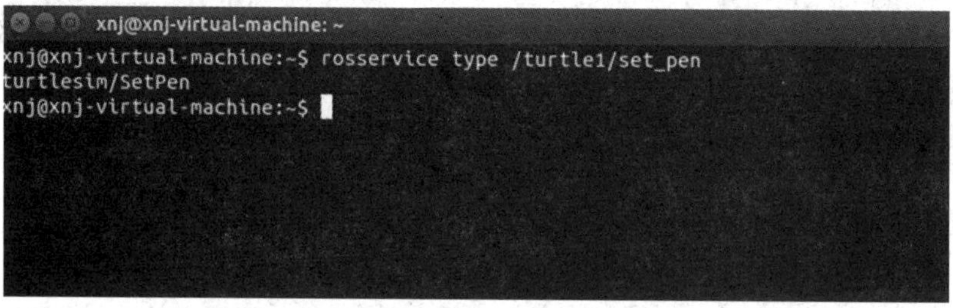

图 10 - 35　rosservice type 显示服务类型

10.3.4　catkin 程序包

所有的 ROS 程序，包括用户自己开发的程序，都被组织成功能包，而 ROS 的功能包被存放在称为工作空间的目录下。工作空间（Workspace）是一个存放工程开发相关文件的文件夹，典型的工作空间一般包括以下四个目录空间：

① src：代码空间（Source Space），用来存储所有的 ROS 功能包的源码文件。

② build：编译空间（Build Space），用来存储工作空间编译过程中生成的缓存信息等。

③ devel：开发空间（Development Space），放置编译生成的可执行文件。

④ install：安装空间（Install Space）非必需，可将可执行文件安装到这个空间。

在写程序之前，第一步是创建一个工作空间以容纳功能包，具体步骤如下：

（1）创建工作空间目录，然后运行 ROS 工作空间初始化命令即可完成工作空间的创建，代码如下：

```
$ mkdir - p ~/catkin_ws/src
$ cd ~/catkin_ws/src
$ catkin_init_workspace
```

（2）创建完成后，需要在工作空间根目录下用 catkin_make 命令进行编译，代码如下：

```
$ cd ~/catkin_ws/
$ catkin_make
```

（3）设置环境变量。

用 $ source devel/setup. bash 设置环境变量。

（4）检查环境变量。

用 $ echo $ROS_PACKAGE_PATH 检查环境变量。

至此，工作空间就创建成功了，接下来就开始创建 catkin 功能包，一个 catkin 功能包的组成如下：

（1）该功能包必须包含 catkin compliant package. xml 文件，这个 package. xml 文件提供有关程序包的元信息。

（2）该功能包也必须包含一个 catkin 版本的 CMakeLists. txt 文件，而 Catkinmeta-packages 中必须包含一个对 CMakeLists. txt 文件的引用。

（3）每个目录下只能有一个程序包，这意味着在同一个目录下不能有嵌套的或者多个程序包存在。

最简单的功能包的形式如下：

```
my_package/
    CMakeLists. txt
    package. xml
```

ROS 提供直接创建功能包的命令 catkin_creat_pkg，首先进入代码空间，使用 catkin_creat_pkg 命令创建功能包：

```
$ cd ~/catkin_ws/src
$ catkin_create_pkg<package_name> [depend1] [depend2] [depend3]
```

用户需要输入功能包的名称（package_name）和所依赖的其他功能包的名称 [depend1] [depend2] [depend3]。

创建完成后，再返回到工作空间根目录下进行编译，并且设置环境变量，代码如下：

```
$ cd ~/catkin_ws/
$ catkin_make
$ source ~/catkin_ws/devel/setup. bash
```

这样就成功创建了工作空间并在工作空间中创建了功能包。

10.3.5　基于 **TurtleBot** 的移动机器人 **ROS** 基本设置

TurtleBot 是给入门级的移动机器人爱好者或移动机器人编程开发者提供的一个基础移动平台，是 ROS 中最为重要的机器人之一，它伴随 ROS 一同成长，一直都作为 ROS 开发前沿的机器人，几乎每个版本的 ROS 测试都会以 TurtleBot 为主，包括 ROS2 也率先在 TurtleBot 上进行了大量测试。TurtleBot 也是 ROS 支持度最高的机器人之一，可以在 ROS 社区中获得大量关于 TurtleBot 的相关资源，很多功能包都能直接复用到个人开发的移动机器人平台上。TurtleBot 移动平台主要包括 kobuki 移动底座以及 Kinect2 视觉传感器，kobuki 移动底座作为移动机器人下位机，使用者自己配置的 PC 机作为上位机，ROS 系统安装在上位机上。

在 ROS 中使用 TurtleBot，需要在安装了 ROS 的上位机上安装 TurtleBot 相关的所有功能包。打开终端，按如下步骤进行安装：

（1）更新功能包列表。

运行 $ sudo apt-get update 命令。

（2）安装所有功能包。

运行 $ sudo apt-get install ros-indigo-turtlebot ros-indigo-turtlebot-apps ros-indigo-turtlebot-interactions ros-indigo-turtlebot-simulator ros-indigo-kobuki-ftdi ros-indigo-rocon-remocon ros-indigo-rocon-qt-library ros-indigo-ar-track-alvar-msgs 命令。

将 TurtleBot 本体通过 USB 串口与安装了 ROS 以及 TurtleBot 功能包的上位机进行连接，在上位机中通过 ROS 遥控 TurtleBot 进行移动，具体步骤如下：

（1）打开一个新终端，键入 $ roscore，启动 ROS；

（2）按下 TurtleBot 启动开关，状态点亮；

（3）建立 TurtleBot 与上位机的联系，在上位机打开一个新终端，运行如下命令：

$ roslaunch turtlebot_bringupminimal. launch；

（4）启动键盘遥控节点，在上位机打开另一个新终端，运行如下命令：

$ roslaunch turtlebot_teleopkeyboard_teleop. launch；

（5）按下键盘"i"前进，实现对移动机器人的基本操控。

10.4　基于 ROS 的移动机器人功能仿真

10.4.1　建立仿真环境

在上位机上，打开终端，输入 $ gazebo 打开 gazebo；进入 gazebo 后使用快捷键 "Ctrl+B"或者在菜单栏选择 Edit→building editor，进入创建建筑的界面，如 10-36 所示，可以选择简单的墙、窗户和门。

点击左上角菜单栏 file→save 然后点击 Exit building editor 进入 gazebo 主界面，然后继续点击 file→save world as，保存的 .world 文件后面要使用，到这里，gazebo 的仿真环境搭建完成。

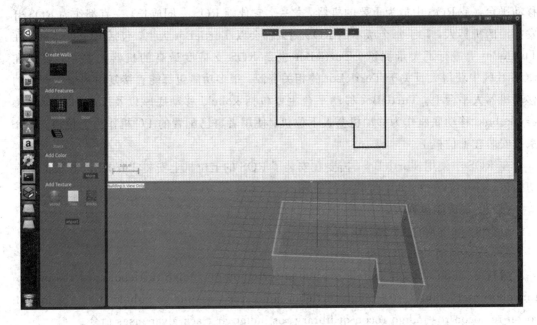

图 10-36　建立仿真环境

10.4.2　地图创建与自主导航

ROS 开源社区中汇集了多种 SLAM 算法，可以直接使用或者进行二次开发，其中最为常用和成熟的是 gmapping 功能包。gmapping 功能包订阅机器人采集的深度信息、IMU 信息和里程计信息，同时完成一些必要的参数配置，即可创建并输出基于概率的二维栅格地图。接下来搭建移动机器人的仿真模型，在上一节建立的仿真环境中通过 gmapping 功能包进行建图。建图部分的仿真流程如下：

（1）通过如下命令安装 gmapping 功能包：

```
$ sudo apt-get install ros-indigo-gmapping
```

（2）创建 mrobot_gazebo 功能包，里面包含 world 文件夹存放创建的仿真环境文件，urdf 文件夹存放机器人模型文件，launch 文件夹存放节点启动文件。

（3）搭建移动机器人的仿真模型，首先搭建一个移动机器人底盘模型，将该底盘模型文件命名为 mrobot_body.urdf.xacro，它定义了该移动机器人底盘的各个关节如轮子、电机等，同时也设定了它们的运行转速、转角等参数。mrobot_body.urdf 文件的详细内容见附录 1。

建立的移动机器人底盘模型如图 10-37 所示。

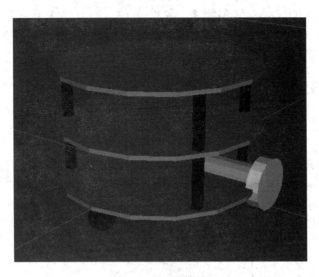

图 10 - 37　移动机器人底盘模型

（4）为移动机器人底盘安装仿真的激光雷达，用于 gmapping 建图。激光雷达的模型文件为 rplidar. xacro，其详细内容见附录 2。

（5）将激光雷达模型与移动机器人底盘模型搭建在一起，将安装了激光雷达的移动机器人模型文件命名为 mrobot_with_rplidar. urdf. xacro，文件详细内容见附录 3。

（6）通过 mbot_laser_nav_gazebo. launch 文件启动仿真环境，实现在 gazebo 中加载搭建的仿真环境以及移动机器人模型，mbot_laser_nav_gazebo. launch 文件内容如下：

```
<launch>

    <! — 设置 launch 文件的参数 -->
    <arg name="world_name" value=" $ (find mrobot_gazebo)/worlds/cloister. world"/>
    <arg name="paused" default="false"/>
    <arg name="use_sim_time" default="true"/>
    <arg name="gui" default="true"/>
    <arg name="headless" default="false"/>
    <arg name="debug" default="false"/>

    <! — 运行 gazebo 仿真环境 -->
    <include file=" $ (find gazebo_ros)/launch/empty_world. launch">
        <arg name="world_name" value=" $ (arg world_name)" />
        <arg name="debug" value=" $ (arg debug)" />
        <arg name="gui" value=" $ (arg gui)" />
        <arg name="paused" value=" $ (arg paused)"/>
        <arg name="use_sim_time" value=" $ (arg use_sim_time)"/>
        <arg name="headless" value=" $ (arg headless)"/>
    </include>
```

```
<! -加载机器人模型描述参数 -->
<param name="robot_description" command=" $ (find xacro)/xacro -- inorder ´ $ (find
mrobot_gazebo)/urdf/mrobot_with_rplidar. urdf. xacro" />

<! -运行 joint_state_publisher 节点，发布机器人的关节状态  -->
<node name="joint_state_publisher" pkg="joint_state_publisher" type="joint_state_pub-
lisher" ></node>

<! -运行 robot_state_publisher 节点，发布 tf  -->
<node name="robot_state_publisher" pkg="robot_state_publisher" type="robot_state_
publisher"  output="screen" >
    <param name="publish_frequency" type="double" value="50. 0" />
</node>

<! -在 gazebo 中加载机器人模型-->
<node name="urdf_spawner" pkg="gazebo_ros" type="spawn_model" respawn="false"
output="screen"
        args="-urdf -model mrobot -param robot_description"/>

</launch>
```

代码中的 cloister. world 就是上一节创建的仿真环境。

（7）使用 $ roslaunch mbot_gazebo mbot_laser_nav_gazebo. launch 命令运行以上 launch 文件，启动 gazebo 仿真环境，如图 10 - 38 所示。

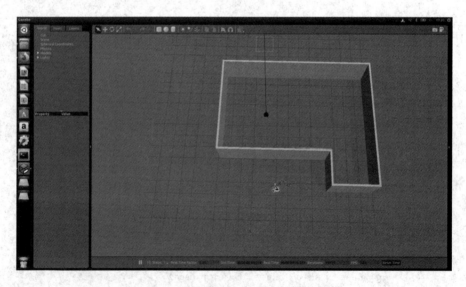

图 10 - 38   gazebo 中显示移动机器人模型

（8）调用 gmapping 进行建图。首先编写 gmapping 功能包的启动文件 gmapping. launch，该 launch 文件中设置了功能包的节点以及 gmapping 建图的配置参数，gmapping. launch 文件的详细内容见附录 4。

（9）打开一个新的终端，通过运行 gmapping_demo. launch 文件，启动上面创建的 gmapping 节点并启动 rviz 查看传感器和地图构建的实时信息。gmapping_demo. launch 文件内容如下：

```
<launch>
<include file=" $(find mbot_gazebo)/launch/gmapping. launch"/>
<! -- 启动 rviz -->
<node pkg=" rviz" type=" rviz" name=" rviz" args=" -d $(find mbot_gazebo)/rviz/gmapping. rviz"/>
</launch>
```

通过命令 $ roslaunch mbot_gazebo gmapping_demo. launch 运行以上的 launch 文件，启动 gmapping 节点和 rviz 界面，效果如图 10 - 39。

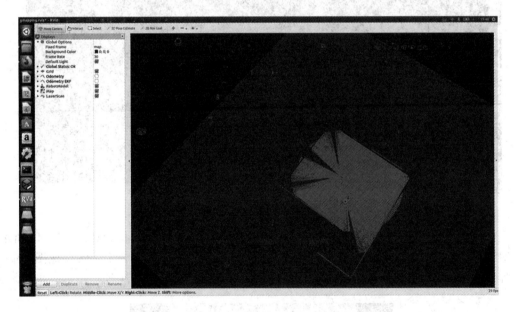

图 10 - 39　地图构建的实时信息

运行到这里 gazebo 和 rviz 就都已经启动了，移动机器人模型在 gazebo 和 rivz 中同步显示，rviz 中实时显示移动机器人搭载的雷达在仿真环境中扫描建图效果，其中红色的点是激光雷达传感器实时检测到的仿真环境的深度信息，浅灰色区域为根据当前深度信息建立的部分环境地图。

（10）启动键盘控制节点，打开一个新终端，运行 mbot_teleop. launch 文件。mbot_teleop. launch 文件内容如下：

```
<launch>
  <node name="mrobot_teleop" pkg="mrobot_teleop" type="mrobot_teleop. py" output="screen">
    <param name="scale_linear" value="0. 1" type="double"/>
    <param name="scale_angular" value="0. 4" type="double"/>
```

```
        </node>
    </launch>
```

通过如下命令启动以上 launch 文件，打开键盘控制节点：

```
$ roslaunch mbot_gazebo mbot_teleop. launch
```

可以看到文件提示，通过键盘"u、i、o、j、k、l、m"这 7 个按钮来控制移动机器人的运动，扫描出的完整地图如图 10 - 40 所示。

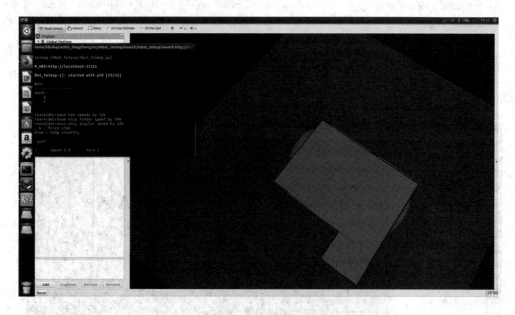

图 10 - 40　gmapping 中通过键盘完整的扫描地图

（11）通过使用键盘控制移动机器人运动，绕房间模型一周后，得到如图 10 - 41 所示地图。可以通过 $ rosrunmap_servermap_saver-f house_gmapping 命令，保存地图 .pgm 文件和 .yaml 文件。命令最后的 cloister_gmapping 为自己命名的文件名。

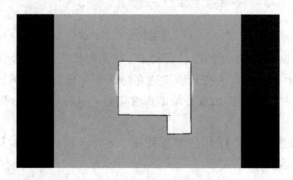

图 10 - 41　通过命令生成的地图

在 gazebo 中实现自主导航仿真的整体思路为首先启动 gazebo 仿真环境，然后启动 move_base 导航功能节点，仿真流程如下：

（1）通过下列命令安装导航功能包。

```
$ sudo apt-get install ros-indigio-navigation
```

（2）创建 mrobot_navigation 功能包，里面包含 map 文件夹存放上一节 gmapping 构建的地图，launch 文件夹存放导航节点启动文件，config 文件夹存放代价地图配置文件；

（3）启动 gazebo 仿真环境和之前使用激光雷达建图的仿真环境相同，所以依然使用 mbot_laser_nav_gazebo. launch 文件启动仿真环境，命令如下：

```
$ roslaunch mbot_gazebo mbot_laser_nav_gazebo. launch
```

（4）接下来通过代价地图配置文件创建 move_base 导航节点启动文件 move_base. launch，代价地图配置文件内容如下：

① 通用配置文件 costmap_common_params. yaml。

```
obstacle_range：2.5
raytrace_range：3.0
#footprint：[[0.175，0.175]，[0.175，−0.175]，[−0.175，−0.175]，[−0.175，0.175]]
#footprint_inflation：0.01
robot_radius：0.175
inflation_radius：0.1
max_obstacle_height：0.6
min_obstacle_height：0.0
observation_sources：scan
scan：{data_type：LaserScan, topic：/scan, marking：true, clearing：true, expected_update_rate：0}
```

② 全局规划配置文件 global_costmap_params. yaml。

```
global_costmap：
    global_frame：map
    robot_base_frame：base_footprint
    update_frequency：1.0
    publish_frequency：1.0
    static_map：true
    rolling_window：false
    resolution：0.01
    transform_tolerance：1.0
    map_type：costmap
```

③ 本地规划配置文件 local_costmap_params. yaml。

```
local_costmap：
    global_frame：map
```

```
robot_base_frame：base_footprint
update_frequency：3.0
publish_frequency：1.0
static_map：true
rolling_window：false
width：6.0
height：6.0
resolution：0.01
transform_tolerance：1.0
```

④ 本地规划期配置文件 base_local_planner_params.yaml。

```
controller_frequency：3.0
recovery_behavior_enabled：false
clearing_rotation_allowed：false
TrajectoryPlannerROS：
    max_vel_x：0.5
    min_vel_x：0.1
    max_vel_y：0.0    # zero for a differential drive robot
    min_vel_y：0.0
    max_vel_theta：1.0
    min_vel_theta：-1.0
    min_in_place_vel_theta：0.4
    escape_vel：-0.1
    acc_lim_x：1.5
    acc_lim_y：0.0    # zero for a differential drive robot
    acc_lim_theta：1.2

    holonomic_robot：false
    yaw_goal_tolerance：0.1 # about 6 degrees
    xy_goal_tolerance：0.05    # 5 cm
    latch_xy_goal_tolerance：false
    pdist_scale：0.4
    gdist_scale：0.8
    meter_scoring：true

    heading_lookahead：0.325
    heading_scoring：false
    heading_scoring_timestep：0.8
    occdist_scale：0.05
    oscillation_reset_dist：0.05
    publish_cost_grid_pc：false
    prune_plan：true
```

```
        sim_time：1.0
        sim_granularity：0.05
        angular_sim_granularity：0.1
        vx_samples：8
        vy_samples：0   #  zero for a differential drive robot
        vtheta_samples：20
        dwa：true
        simple_attractor：false
```

接下来根据这四个代价地图配置文件构建 move_base.launch 文件，内容如下：

```
<launch>

    <node pkg="move_base" type="move_base" respawn="false" name="move_base" output
="screen" clear_params="true">
        < rosparam  file = " $ ( find  mrobot _ navigation )/config/mrobot/costmap _ common _
params. yaml" command="load" ns="global_costmap" />
        < rosparam  file = " $ ( find  mrobot _ navigation )/config/mrobot/costmap _ common _
params. yaml" command="load" ns="local_costmap" />
        <rosparam file=" $ (find mrobot_navigation)/config/mrobot/local_costmap_params. yaml"
command="load" />
        < rosparam  file = " $ ( find  mrobot _ navigation )/config/mrobot/global _ costmap _
params. yaml" command="load" />
        < rosparam  file = " $ ( find  mrobot _ navigation )/config/mrobot/base _ local _ planner _
params. yaml" command="load" />
    </node>

</launch>
```

⑤ 仿真环境和 move_base 导航节点都配置好后，创建一个启动 move_base 导航节点
并加载环境地图的 launch 文件 fake_nav_cloister_demo. launch。fake_nav_cloister_demo
. launch文件内容如下：

```
<launch>

    <! — 设置地图的配置文件 —>
    <arg name="map" default="cloister_gmapping. yaml" />

    <! — 运行地图服务器，并且加载设置的地图—>
    < node name = " map_server " pkg = " map_server " type = " map_server " args = " $ ( find
mrobot_navigation)/maps/ $ (arg map)"/>

    <! — 运行 move_base 节点 —>
```

```
<include file=" $ (find mrobot_navigation)/launch/move_base. launch"/>

<! -- 运行虚拟定位，兼容 AMCL 输出 -->
<node pkg="fake_localization" type="fake_localization" name="fake_localization" output
="screen" />

<! -- 对于虚拟定位，需要设置一个/odom 与/map 之间的静态坐标变换 -->
<node pkg="tf" type="static_transform_publisher" name="map_odom_broadcaster" args
="0 0 0 0 0 0 /map /odom 100" />

<! -- 运行 rviz -->
<node pkg="rviz" type="rviz" name="rviz" args="-d $ (find mrobot_navigation)/rviz/
nav. rviz"/>
</launch>
```

通过以下命令启动以上 launch 文件，导航结果图如图 10-42 所示。

```
$ roslaunch mbot_navigation fake_nav_cloister_demo. launch
```

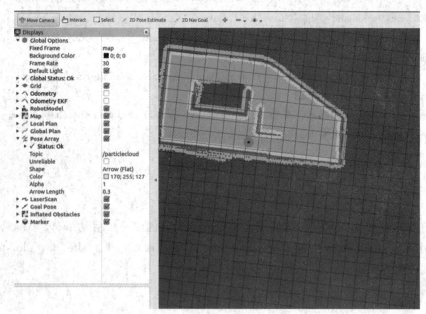

图 10-42　根据目标点自动导航

10.5　ROS 中移动机器人技术相关应用

10.5.1　开源机器视觉技术在 ROS 中的应用

OpenCV 是一个基于许可（开源）发行的跨平台计算机视觉和机器学习软件库，可以运行在 Linux、Windows、Android 和 Mac OS 操作系统上。它由一系列 C 函数和少量 C++

类构成，同时提供了 Python、Ruby、Matlab 等语言的接口，实现了图像处理和计算机视觉方面的很多通用算法，OpenCV 主要倾向于实时视觉应用，并在可用时利用 MMX 和 SSE 指令，也提供对于 C♯、Ch、Ruby、GO 的支持。

OpenCV 提供的视觉处理算法非常丰富，加上其开源的特性，如果处理得当，则不需要添加新的外部支持也可以完整地编译链接生成执行程序，所以很多人用它来做算法的移植，OpenCV 的代码经过适当改写可以正常地运行在 ARM 嵌入式系统中。在 Ubuntu 下安装 Ubuntu 版本的 OpenCV，就可以在 ROS 中使用了。

OpenCV 已经集成了人脸识别算法，只需要调用 OpenCV 相应的接口就可以实现人脸识别的功能。接下来运行以下人脸识别的例程感受一下它的效果。

（1）创建 robot_vision 功能包，里面包含 scripts 文件夹存放图像处理所需的 python 文件，launch 文件夹存放节点启动文件。

（2）首先使用以下命令启动 USB 摄像头或者是笔记本自带的摄像头：

```
$ roslaunch robot_vision usb_cam. launch
```

其中 usb_cam. launch 文件内容如下：

```
<launch>

  <node name="usb_cam" pkg="usb_cam" type="usb_cam_node" output="screen" >
    <param name="video_device" value="/dev/video0" />
    <param name="image_width" value="640" />
    <param name="image_height" value="480" />
    <param name="pixel_format" value="yuyv" />
    <param name="camera_frame_id" value="usb_cam" />
    <param name="io_method" value="mmap"/>
  </node>

</launch>
```

（3）启动好相机后，编写源码来实现人脸识别，该应用的实现代码只有一个 python 文件，即运行 face_detector. py，直接调用 OpenCV 提供的人脸识别接口，与数据库中的人脸特征进行匹配。

① face_detector. py 文件内容如下：

```
#! /usr/bin/env python
# -*- coding: utf-8 -*-
import rospy
import cv2
import numpy as np
from sensor_msgs. msg import Image, RegionOfInterest
from cv_bridge import CvBridge, CvBridgeError
```

```python
class faceDetector:
    def __init__(self):
        rospy.on_shutdown(self.cleanup);

        # 创建 cv_bridge
        self.bridge=CvBridge()
        self.image_pub=rospy.Publisher("cv_bridge_image",Image,queue_size=1)

        # 获取 haar 特征的级联表的 XML 文件,文件路径在 launch 文件中传入
        cascade_1=rospy.get_param("~cascade_1","")
        cascade_2=rospy.get_param("~cascade_2","")

        # 使用级联表初始化 haar 特征检测器
        self.cascade_1=cv2.CascadeClassifier(cascade_1)
        self.cascade_2=cv2.CascadeClassifier(cascade_2)

        # 设置级联表的参数,优化人脸识别,可以在 launch 文件中重新配置
        self.haar_scaleFactor  =rospy.get_param("~haar_scaleFactor",1.2)
        self.haar_minNeighbors=rospy.get_param("~haar_minNeighbors",2)
        self.haar_minSize      =rospy.get_param("~haar_minSize",40)
        self.haar_maxSize      =rospy.get_param("~haar_maxSize",60)
        self.color=(50,255,50)

        # 初始化订阅 rgb 格式图像数据的订阅者,此处图像 topic 的话题名可以在 launch 文
件中重映射
        self.image_sub=rospy.Subscriber("input_rgb_image",Image,self.image_callback,
queue_size=1)

    def image_callback(self,data):
        # 使用 cv_bridge 将 ROS 的图像数据转换成 OpenCV 的图像格式
        try:
            cv_image=self.bridge.imgmsg_to_cv2(data,"bgr8")
            frame=np.array(cv_image,dtype=np.uint8)
        except CvBridgeError,e:
            print e

        # 创建灰度图像
        grey_image=cv2.cvtColor(frame,cv2.COLOR_BGR2GRAY)

        # 创建平衡直方图,减少光线影响
        grey_image=cv2.equalizeHist(grey_image)

        # 尝试检测人脸
```

```
        faces_result＝self. detect_face(grey_image)

        # 在 OpenCV 的窗口中框出所有人脸区域
        if len(faces_result)＞0：
            for face in faces_result：
                x, y, w, h＝face
                cv2. rectangle(cv_image, (x, y), (x＋w, y＋h), self. color, 2)

        # 将识别后的图像转换成 ROS 消息并发布
        self. image_pub. publish(self. bridge. cv2_to_imgmsg(cv_image, "bgr8"))

    def detect_face(self, input_image)：
        # 首先匹配正面人脸的模型
        if self. cascade_1：
            faces＝self. cascade_1. detectMultiScale(input_image,
                    self. haar_scaleFactor,
                    self. haar_minNeighbors,
                    cv2. CASCADE_SCALE_IMAGE,
                    (self. haar_minSize, self. haar_maxSize))

        # 如果正面人脸匹配失败，那么就尝试匹配侧面人脸的模型
        if len(faces)＝＝0 and self. cascade_2：
            faces＝self. cascade_2. detectMultiScale(input_image,
                    self. haar_scaleFactor,
                    self. haar_minNeighbors,
                    cv2. CASCADE_SCALE_IMAGE,
                    (self. haar_minSize, self. haar_maxSize))

        return faces

    def cleanup(self)：
        print "Shutting down vision node. "
        cv2. destroyAllWindows()

if __name__＝＝'__main__'：
    try：
        # 初始化 ros 节点
        rospy. init_node("face_detector")
        faceDetector()
        rospy. loginfo("Face detector is started. . ")
        rospy. loginfo("Please subscribe the ROS image. ")
        rospy. spin()
    except KeyboardInterrupt：
```

```
print "Shutting down face detector node. "
cv2. destroyAllWindows()
```

② 编写启动文件 face_detector. launch 调用 face_detector. py 文件并配置一些相关的参数，实现人脸功能的调用，face_detector. launch 文件内容如下：

```
<launch>
    <node pkg="robot_vision" name="face_detector" type="face_detector. py" output="screen">
        <remap from="input_rgb_image" to="/usb_cam/image_raw" />
        <rosparam>
            haar_scaleFactor：1. 2
            haar_minNeighbors：2
            haar_minSize：40
            haar_maxSize：60
        </rosparam>
        <param name="cascade_1" value=" $ (find robot_vision)/data/haar_detectors/haar-cascade_frontalface_alt. xml" />
        <param name="cascade_2" value=" $ (find robot_vision)/data/haar_detectors/haar-cascade_profileface. xml" />
    </node>
</launch>
```

通过下面的命令启动以上的 launch 文件，识别的人脸用方框标记了出来，如图 10－43 所示。

```
$ roslaunch robot_vision face_detector. launch
```

图 10－43　ROS 结合 OpenCV 实现人脸识别

10.5.2　激光雷达在 ROS 中的应用

RPLidar 是低成本的二维雷达解决方案，由 SlamTec 公司的 RoboPeak 团队开发，

RPLidar A1 型号激光雷达能扫描 360°、6 米半径的范围，它适合用于构建地图、SLAM 和建立 3D 模型，其固定方案如图 10 - 44 所示。

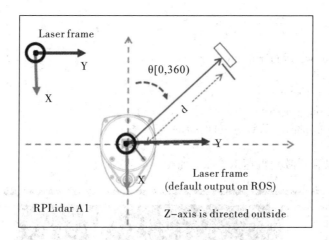

图 10 - 44　RPLidar A1 激光雷达工作示意图

接下来介绍如何使用这款雷达。

（1）安装。

建立工作空间并编译（当然也可以使用现有的空间）：

```
$ mkdir - p ~/turtlebot_ws/src
$ cd ~/turtlebot_ws/src
$ git clonehttps://github.com/ncnynl/rplidar_ros.git
```

返回上级包编译：

```
$ cd ..
$ catkin_make
```

（2）添加环境变量。

```
$ source /turtlebot_ws/devel/setup.bash
```

当然也可以使用～/.bashrc 设置环境，那么在下次打开终端时就会自动进入该环境：

```
$ echo "source ~/turtlebot_ws/devel/setup.bash" >> ~/.bashrc
```

（3）配置端口。

检查端口权限：

```
$ ls -l /dev |grep ttyUSB
```

赋予端口权限：

```
$ sudo chmoda+rw /dev/ttyUSB0
```

（4）运行测试。

打开 roscore：

```
$ roscore
```

进入 turtlebot_ws 运行 rplidar 和 rviz：

```
$ cd ~/turtlebot_ws
$ . devel/setup.bash
$ roslaunch rplidar_ros view_rplidar.launch
```

这时候，可以看到激光雷达工作了，如图 10-45 所示。

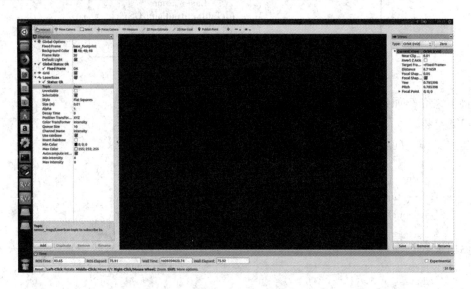

图 10-45　rviz 中显示激光雷达的扫描结果

10.5.3　深度相机在 ROS 中的应用

深度相机可以直接获得图像中的深度信息，在许多的建图和导航工程中给我们提供了很大的帮助，下面通过一个例程介绍深度相机在 ROS 中的应用。

该例程将深度相机应用于 SLAM 建图中，通过 ROS 连接 Kinect v2 深度相机节点和 ORB-SLAM2 节点，可生成稠密点云地图，稠密点云地图是在原有 ORB-SLAM2 的基础上加了一个新的线程，根据关键帧的彩色图像和深度图像进行点云的生成和拼接。

首先是 Kinect v2 驱动的安装。有两个 libfreenect2 和 iai-kinect2 在 ROS 调用 Kinect v2 的驱动，可以参考网上的安装步骤，Kinect v2 是可以利用 CPU、GPU 运行的，GPU 运行需要安装英伟达显卡驱动和对应的 cuda、opencl 才能运行，如果显卡驱动没有安装好，也可以直接调用 CPU 模式启动。都安装好了后按照下面的命令输入启动直接调用 CPU 模式，效果如图 10-46 所示。

```
$ roscore
$ rosrun kinect2_bridge kinect2_bridge _reg_method :=cpu _depth_method :=opengl
```

$ rosrun kinect2_viewer kinect2_viewer

图 10 - 46　Kinect v2 生成深度图像

　　相机驱动安装完毕后，进行 ORBSLAM2_with_pointcloud_map 功能包的安装，功能包的下载和安装可以参照网上公开的流程，最后根据 TUM1. yaml 的格式创建 kinect2. yaml，也就是 Kinect v2 的相机参数。

　　都编译好后，输入以下命令就可以实时建立稠密地图了，效果如图 10 - 47 所示。

　　先打开一个终端，运行 roscorem，再打开一个终端，启动 kinect2，使用命令 $ rosrun kinect2_bridge kinect2_bridge _reg_method := cpu _depth_method := opengl；最后再运行 ORB_SLAM2 包中的 RGBD 节点，在 ORB_SLAM2_modified 目录下运行以下命令可生成如图 10 - 47 所示的稠密地图。

　　$ rosrun ORB_SLAM2 RGBD Vocabulary/ORBvoc. txt kinect2. yaml

图 10 - 47　深度相机运行 ORB - SLAM2 生成稠密地图

习　题

10.1　练习安装虚拟机。

10.2　练习系列 ORB-SLAM 算法。

10.3　学习创建机器人的 URDF 模型并添加 chuanganqimox。

10.4　用相机结合 OpenCV 实现物体跟随。

10.5　在实际环境中用移动机器人进行建图。

附　　录

附录1　移动机器人底盘模型

移动机器人底盘模型的代码如下：

```xml
<? xml version="1.0"? >
<robot name="mrobot" xmlns: xacro="http://www.ros.org/wiki/xacro">
    <! -- Defining the colors used in this robot -->
    <material name="Black">
        <color rgba="0 0 0 1"/>
    </material>
    <material name="White">
        <color rgba="1 1 1 1"/>
    </material>
    <material name="Blue">
        <color rgba="0 0 1 1"/>
    </material>
    <material name="Red">
        <color rgba="1 0 0 1"/>
    </material>
    <! -- PROPERTY LIST -->
    <! -- All units in m - kg - s - radians unit system -->
    <xacro: property name="M_PI" value="3.1415926535897931" />
    <! -- Main body length, width, height and mass -->
    <xacro: property name="base_mass"          value="0.5" />
    <xacro: property name="base_link_radius" value="0.13"/>
    <xacro: property name="base_link_length" value="0.005"/>
    <xacro: property name="motor_x" value="-0.05"/>
    <! -- Caster radius and mass -->
    <xacro: property name="caster_radius"          value="0.016" />
    <xacro: property name="caster_mass"            value="0.01" />
    <xacro: property name="caster_joint_origin_x"  value="-0.12" />
    <! -- Wheel radius, height and mass -->
    <xacro: property name="wheel_radius" value="0.033" />
    <xacro: property name="wheel_height" value="0.017" />
    <xacro: property name="wheel_mass"    value="0.1" />
```

```xml
<! -- plate height and mass -->
<xacro: property name="plate_mass"    value="0.05"/>
<xacro: property name="plate_height" value="0.07"/>
<xacro: property name="standoff_x"    value="0.12"/>
<xacro: property name="standoff_y"    value="0.10"/>
<! -- Macro for inertia matrix -->
<xacro: macro name="sphere_inertial_matrix" params="m r">
    <inertial>
        <mass value="${m}" />
        <inertia ixx="${2*m*r*r/5}" ixy="0" ixz="0"
            iyy="${2*m*r*r/5}" iyz="0"
            izz="${2*m*r*r/5}" />
    </inertial>
</xacro: macro>


<xacro: macro name="cylinder_inertial_matrix" params="m r h">
    <inertial>
        <mass value="${m}" />
        <inertia ixx="${m*(3*r*r+h*h)/12}" ixy="0" ixz="0"
            iyy="${m*(3*r*r+h*h)/12}" iyz="0"
            izz="${m*r*r/2}" />
    </inertial>
</xacro: macro>
<xacro: macro name="box_inertial_matrix" params="m w h d">
    <inertial>
        <mass value="${m}" />
        <inertia ixx="${m*(h*h+d*d)/12}" ixy="0" ixz="0"
            iyy="${m*(w*w+d*d)/12}" iyz="0"
            izz="${m*(w*w+h*h)/12}" />
    </inertial>
</xacro: macro>
<! -- Macro for wheel joint -->
<xacro: macro name="wheel" params="lr translateY">
    <! -- lr: left, right -->
    <link name="wheel_${lr}_link">
        <visual>
            <origin xyz="0 0 0" rpy="${M_PI/2} 0  0 " />
            <geometry>
                <cylinder length="${wheel_height}" radius="${wheel_radius}" />
            </geometry>
            <material name="Black" />
        </visual>
        <collision>
```

```xml
            <origin xyz="0 0 0" rpy="${M_PI/2} 0 0 " />
            <geometry>
                <cylinder length="${wheel_height}" radius="${wheel_radius}" />
            </geometry>
        </collision>
        <cylinder_inertial_matrix  m="${wheel_mass}" r="${wheel_radius}" h="
            ${wheel_height}" />
    </link>
    <gazebo reference="wheel_${lr}_link">
        <material>Gazebo/Black</material>
    </gazebo>
    <joint name="base_to_wheel_${lr}_joint" type="continuous">
        <parent link="base_link"/>
        <child link="wheel_${lr}_link"/>
        <origin xyz="${motor_x} ${translateY * base_link_radius} 0" rpy="0 0 0" />
        <axis xyz="0 1 0" rpy="0  0" />
    </joint>
    <!-- Transmission is important to link the joints and the controller -->
    <transmission name="wheel_${lr}_joint_trans">
        <type>transmission_interface/SimpleTransmission</type>
        <joint name="base_to_wheel_${lr}_joint" />
        <actuator name="wheel_${lr}_joint_motor">
            <hardwareInterface>VelocityJointInterface</hardwareInterface>
            <mechanicalReduction>1</mechanicalReduction>
        </actuator>
    </transmission>
</xacro:macro>
<!-- Macro for caster joint -->
<xacro:macro name="caster" params="fb translateX">
    <!-- fb: front, back -->
    <link name="${fb}_caster_link">
        <visual>
            <origin xyz="0 0 0 " rpy="0 0 0" />
            <geometry>
                <sphere radius="${caster_radius}" />
            </geometry>
            <material name="Black" />
        </visual>
        <collision>
            <geometry>
                <sphere radius="${caster_radius}" />
            </geometry>
            <origin xyz="0 0 0 " rpy="0 0 0" />
```

```
        </collision>
        <sphere_inertial_matrix  m="${caster_mass}" r="${caster_radius}" />
      </link>
      <gazebo reference="${fb}_caster_link">
        <material>Gazebo/Black</material>
      </gazebo>
      <joint name="base_to_${fb}_caster_joint" type="fixed">
        <parent link="base_link"/>
        <child link="${fb}_caster_link"/>
        <origin xyz="${translateX * caster_joint_origin_x} 0 ${-caster_radius}" rpy="0 0 0"/>
      </joint>
    </xacro:macro>
    <!-- Macro for plate joint -->
    <xacro:macro name="plate" params="num parent">
      <link name="plate_${num}_link">
        <cylinder_inertial_matrix  m="0.1" r="${base_link_radius}" h="${base_link_length}" />
        <visual>
          <origin xyz="0 0 0" rpy="0 0 0" />
          <geometry>
            <cylinder length="${base_link_length}" radius="${base_link_radius}"/>
          </geometry>
          <material name="yellow"/>
        </visual>
        <collision>
          <origin xyz="0.0 0.0 0.0" rpy="0 0 0" />
          <geometry>
            <cylinder length="${base_link_length}" radius="${base_link_radius}"/>
          </geometry>
        </collision>
      </link>
      <gazebo reference="plate_${num}_link">
        <material>Gazebo/Blue</material>
      </gazebo>
      <joint name="plate_${num}_joint" type="fixed">
        <origin xyz="0 0 ${plate_height}" rpy="0 0 0" />
        <parent link="${parent}"/>
        <child link="plate_${num}_link" />
      </joint>
    </xacro:macro>
```

```xml
<! -- Macro for standoff joint -->
<xacro: macro name="mrobot_standoff_2in" params="parent number x_loc y_loc z_loc">
    <joint name="standoff_2in_${number}_joint" type="fixed">
        <origin xyz="${x_loc} ${y_loc} ${z_loc}" rpy="0 0 0" />
        <parent link="${parent}"/>
        <child link="standoff_2in_${number}_link" />
    </joint>
    <link name="standoff_2in_${number}_link">
        <inertial>
            <mass value="0.001" />
            <origin xyz="0 0 0" />
            <inertia ixx="0.0001" ixy="0.0" ixz="0.0"
iyy="0.0001" iyz="0.0"
izz="0.0001" />
        </inertial>
        <visual>
            <origin xyz=" 0 0 0 " rpy="0 0 0" />
            <geometry>
                <box size="0.01 0.01 0.07" />
            </geometry>
            <material name="black">
                <color rgba="0.16 0.17 0.15 0.9"/>
            </material>
        </visual>
        <collision>
            <origin xyz="0.0 0.0 0.0" rpy="0 0 0" />
            <geometry>
                <box size="0.01 0.01 0.07" />
            </geometry>
        </collision>
    </link>
</xacro: macro>
<! -- BASE - FOOTPRINT -->
<! -- base_footprint is a fictitious link(frame) that is on the ground right below base_link origin -->
<xacro: macro name="mrobot_body">
    <link name="base_footprint">
        <visual>
            <origin xyz="0 0 0" rpy="0 0 0" />
            <geometry>
                <box size="0.001 0.001 0.001" />
            </geometry>
```

```xml
        </visual>
    </link>
    <joint name="base_footprint_joint" type="fixed">
        <origin xyz="0 0 ${wheel_radius}" rpy="0 0 0" />
        <parent link="base_footprint"/>
        <child link="base_link" />
    </joint>
    <!-- BASE-LINK -->
    <!-- Actual body/chassis of the robot -->
    <link name="base_link">
        <cylinder_inertial_matrix  m="${base_mass}" r="${base_link_radius}" h="${base_link_length}" />


        <visual>
            <origin xyz=" 0 0 0" rpy="0 0 0" />
            <geometry>
              <cylinder length=" ${base_link_length}" radius=" ${base_link_radius}"/>
            </geometry>
            <material name="yellow" />
        </visual>
        <collision>
            <origin xyz="0 0 0" rpy="0 0 0" />
            <geometry>
                <cylinder length=" ${base_link_length}" radius=" ${base_link_radius}"/>
            </geometry>
        </collision>
    </link>
    <gazebo reference="base_link">
        <material>Gazebo/Blue</material>
    </gazebo>
    <!-- Wheel Definitions -->
    <wheel lr="right"  translateY="1" />
    <wheel lr="left"  translateY="-1" />
    <!-- Casters Definitions -->
    <caster fb="front"  translateX="-1" />
    <!-- plates and standoff Definitions -->
    <mrobot_standoff_2in parent="base_link" number="1" x_loc="-${standoff_x/2 + 0.03}" y_loc="-${standoff_y - 0.03}" z_loc=" ${plate_height/2}"/>
    <mrobot_standoff_2in parent="base_link" number="2" x_loc="-${standoff_x/2 + 0.03}" y_loc=" ${standoff_y - 0.03}" z_loc=" ${plate_height/2}"/>
    <mrobot_standoff_2in parent="base_link" number="3" x_loc=" ${standoff_x/2}" y
```

```
_loc="-${standoff_y}" z_loc="${plate_height/2}"/>
        <mrobot_standoff_2in parent="base_link" number="4" x_loc="${standoff_x/2}" y
_loc="${standoff_y}" z_loc="${plate_height/2}"/>
        <mrobot_standoff_2in parent="standoff_2in_1_link" number="5" x_loc="0" y_loc
="0" z_loc="${plate_height}"/>
        <mrobot_standoff_2in parent="standoff_2in_2_link" number="6" x_loc="0" y_loc
="0" z_loc="${plate_height}"/>
        <mrobot_standoff_2in parent="standoff_2in_3_link" number="7" x_loc="0" y_loc
="0" z_loc="${plate_height}"/>
        <mrobot_standoff_2in parent="standoff_2in_4_link" number="8" x_loc="0" y_loc
="0" z_loc="${plate_height}"/>
        <!-- plate Definitions -->
        <plate num="1"  parent="base_link" />
        <plate num="2"  parent="plate_1_link" />
        <!-- controller -->
        <gazebo>
            <plugin name="differential_drive_controller" filename="libgazebo_ros_diff_
drive.so">
                <rosDebugLevel>Debug</rosDebugLevel>
                <publishWheelTF>true</publishWheelTF>
                <robotNamespace>/</robotNamespace>
                <publishTf>1</publishTf>
                <publishWheelJointState>true</publishWheelJointState>
                <alwaysOn>true</alwaysOn>
                <updateRate>100.0</updateRate>
                <legacyMode>true</legacyMode>
                <leftJoint>base_to_wheel_left_joint</leftJoint>
                <rightJoint>base_to_wheel_right_joint</rightJoint>
                <wheelSeparation>${base_link_radius * 2}</wheelSeparation>
                <wheelDiameter>${2 * wheel_radius}</wheelDiameter>
                <broadcastTF>1</broadcastTF>
                <wheelTorque>30</wheelTorque>
                <wheelAcceleration>1.8</wheelAcceleration>
                <commandTopic>cmd_vel</commandTopic>
                <odometryFrame>odom</odometryFrame>
                <odometryTopic>odom</odometryTopic>
                <robotBaseFrame>base_footprint</robotBaseFrame>
            </plugin>
        </gazebo>
    </xacro:macro>
</robot>
```

附录 2　移动机器人激光传感器模型

代码如下：

```xml
<? xml version="1.0"? >
<robot xmlns:xacro="http://www.ros.org/wiki/xacro" name="laser">

    <xacro:macro name="rplidar" params="prefix:=laser">
    <! -- Create laser reference frame -->
    <link name="${prefix}_link">
        <inertial>
            <mass value="0.1" />
            <origin xyz="0 0 0" />
            <inertia ixx="0.01" ixy="0.0" ixz="0.0"
                    iyy="0.01" iyz="0.0"
                    izz="0.01" />
        </inertial>

        <visual>
            <origin xyz=" 0 0 0 " rpy="0 0 0" />
            <geometry>
                <cylinder length="0.05" radius="0.05"/>
            </geometry>
            <material name="black"/>
        </visual>

        <collision>
            <origin xyz="0.0 0.0 0.0" rpy="0 0 0" />
            <geometry>
                <cylinder length="0.06" radius="0.05"/>
            </geometry>
        </collision>
    </link>
    <gazebo reference="${prefix}_link">
        <material>Gazebo/Black</material>
    </gazebo>

    <gazebo reference="${prefix}_link">
        <sensor type="ray" name="rplidar">
            <pose>0 0 0 0 0 0</pose>
            <visualize>false</visualize>
            <update_rate>5.5</update_rate>
```

```
<ray>
  <scan>
    <horizontal>
      <samples>360</samples>
      <resolution>1</resolution>
      <min_angle>-3</min_angle>
      <max_angle>3</max_angle>
    </horizontal>
  </scan>
  <range>
    <min>0.10</min>
    <max>6.0</max>
    <resolution>0.01</resolution>
  </range>
  <noise>
    <type>gaussian</type>
    <mean>0.0</mean>
    <stddev>0.01</stddev>
  </noise>
</ray>
<plugin name="gazebo_rplidar" filename="libgazebo_ros_laser.so">
  <topicName>/scan</topicName>
  <frameName>laser_link</frameName>
</plugin>
</sensor>
</gazebo>
</xacro：macro>
</robot>
```

附录3　激光传感器的移动机器人底盘模型

代码如下：

```
<? xml version="1.0"? >

<robot name="mrobot" xmlns：xacro="http：//www.ros.org/wiki/xacro">

<xacro：include filename=" $ (find mrobot_gazebo)/urdf/mrobot_body.urdf.xacro" />

<xacro：include filename=" $ (find mrobot_gazebo)/urdf/rplidar.xacro" />

<xacro：property name="rplidar_offset_x" value="0" />
```

```
<xacro: property name="rplidar_offset_y" value="0" />
<xacro: property name="rplidar_offset_z" value="0.028" />

<! -- Body of mrobot, with plates, standoffs and Create (including sim sensors) -->
<mrobot_body/>

<! -- Attach the Kinect -->
<joint name="rplidar_joint" type="fixed">
<origin xyz=" ${rplidar_offset_x} ${rplidar_offset_y} ${rplidar_offset_z}" rpy="0 0 0" />
<parent link="plate_2_link"/>
<child link="laser_link"/>
</joint>

<xacro: rplidar prefix="laser"/>

</robot>
```

附录 4　Gmapping 文件

代码如下：

```
<launch>
    <arg name="scan_topic" default="scan" />

    <node pkg="gmapping" type="slam_gmapping" name="slam_gmapping" output="screen" clear_params="true">
        <param name="odom_frame" value="odom"/>
        <param name="map_update_interval" value="5.0"/>
        <! -- Set maxUrange < actual maximum range of the Laser -->
        <param name="maxRange" value="5.0"/>
        <param name="maxUrange" value="4.5"/>
        <param name="sigma" value="0.05"/>
        <param name="kernelSize" value="1"/>
        <param name="lstep" value="0.05"/>
        <param name="astep" value="0.05"/>
        <param name="iterations" value="5"/>
        <param name="lsigma" value="0.075"/>
        <param name="ogain" value="3.0"/>
        <param name="lskip" value="0"/>
```

```
        <param name="srr" value="0.01"/>
        <param name="srt" value="0.02"/>
        <param name="str" value="0.01"/>
        <param name="stt" value="0.02"/>
        <param name="linearUpdate" value="0.5"/>
        <param name="angularUpdate" value="0.436"/>
        <param name="temporalUpdate" value="-1.0"/>
        <param name="resampleThreshold" value="0.5"/>
        <param name="particles" value="80"/>
        <param name="xmin" value="-1.0"/>
        <param name="ymin" value="-1.0"/>
        <param name="xmax" value="1.0"/>
        <param name="ymax" value="1.0"/>
        <param name="delta" value="0.05"/>
        <param name="llsamplerange" value="0.01"/>
        <param name="llsamplestep" value="0.01"/>
        <param name="lasamplerange" value="0.005"/>
        <param name="lasamplestep" value="0.005"/>
        <remap from="scan" to="$(arg scan_topic)"/>
    </node>
</launch>
```

参 考 文 献

[1] 张毅，罗元，郑太雄，等．移动机器人技术及其应用［M］．北京：电子工业出版社，2007.

[2] 曹其新，张蕾．轮式自主移动机器人［M］．上海：上海交通大学出版社，2012.

[3] 李云江，等．机器人概论［M］．北京：机械工业出版社，2014.

[4] 王晓华．移动机器人SLAM技术［M］．哈尔滨：哈尔滨工业大学出版社，2019.

[5] 徐德，谭民，李原．机器人视觉测量与控制［M］．北京：国防工业出版社，2011.

[6] 谭民，徐德，侯增广，等．先进机器人控制［M］．北京：高等教育出版社，2012.

[7] 王兴松．Mecanum轮全方位移动机器人原理与应用［M］．南京：东南大学出版社，2018.

[8] 蔡自兴，贺汉根，陈虹．未知环境中移动机器人导航控制理论与方法［M］．北京：科学出版社，2009.

[9] 谭民，王硕，曹志强．多机器人系统［M］．北京：清华大学出版社，2005.